U0182150

普通高等教育信息技术类系列教材

Python 程序设计教程

主　编　孙艳秋　刘世芳　吴　磊

副主编　岳慧平　谭　强　燕　燕

科 学 出 版 社

北　京

内 容 简 介

本书本着理论联系实际、专业特色突出的原则，内容由浅入深、循序渐进，使学生既能够掌握面向过程的结构化程序设计方法，又能够增强程序设计思维。

全书共 10 章，系统介绍了 Python 语言的使用，包括集成开发环境和 Python 语言基础，顺序、分支及循环等流程控制结构和字符串，以及复合型数据类型的使用，还包括函数的定义及使用、Python 的文件操作、异常处理、面向对象的程序设计、Python 中数据库的使用和 Python 的第三方库。

本书涵盖了 Python 基础内容的各个方面，可以作为普通高等院校教材，也可以作为自学参考用书和计算机等级考试用书。

图书在版编目(CIP)数据

Python 程序设计教程 / 孙艳秋，刘世芳，吴磊主编. —北京：科学出版社，2022.2

（普通高等教育信息技术类系列教材）

ISBN 978-7-03-071001-7

Ⅰ. ①P… Ⅱ. ①孙… ②刘… ③吴… Ⅲ. ①软件工具-程序设计-高等学校-教材 Ⅳ. ①TP311.561

中国版本图书馆 CIP 数据核字（2021）第 260854 号

责任编辑：宋 丽 吴超莉 / 责任校对：马英菊

责任印制：吕春珉 / 封面设计：东方人华平面设计部

科学出版社 出版

北京东黄城根北街 16 号

邮政编码：100717

http://www.sciencep.com

三河市骏杰印刷有限公司印刷

科学出版社发行 各地新华书店经销

*

2022 年 2 月第 一 版 开本：787×1092 1/16

2024 年 7 月第五次印刷 印张：15 1/4

字数：362 000

定价：52.00 元

（如有印装质量问题，我社负责调换）

销售部电话 010-62136230 编辑部电话 010-62135763-2038

本书编委会

主　编　孙艳秋　刘世芳　吴　磊

副主编　岳慧平　谭　强　燕　燕

参　编　张柯欣　杨　钧　王赫楠　王甜宇

　　　　夏书剑　李昀泽

前　言

全面建设社会主义现代化国家，必须坚持中国特色社会主义文化发展道路，增强文化自信。在中国特色社会主义新时代背景下，培养有理想、有担当、有情怀的科学技术人才，掌握现代化的科学信息技术，是目前的紧要任务。Python 语言是全球比较流行的编程语言，它和 Java、C 等语言相比，具有免费、开源、语法简单、数据类型丰富等特点，非常适合程序设计语言的初学者。Python 语言是一种面向对象的、具有较强扩展性的解释型语言，它具有丰富全面的第三方模块，方便用户寻找到满足自己需求的模块，这也是 Python 语言越来越受用户喜欢的原因之一。目前，越来越多的高校选择 Python 语言作为程序设计基础的教学语言，为学生以后的学习和工作打下良好的基础。

Python 语言自从诞生以来，用户已达数百万，成为目前较受欢迎的程序设计语言。本书以 Python 3.7 版本进行讲解，适合非计算机专业的学生。编者充分考虑非计算机专业教学和初学者的需要，列举大量例题使读者能迅速掌握有关概念及编程技巧，力求使本书具有可读性、实用性和先进性。

全书共 10 章，内容由浅入深、循序渐进、层次清晰、通俗易懂。第 1 章介绍 Python 的集成开发环境；第 2 章介绍 Python 语言基础；第 3 章介绍顺序、分支及循环结构；第 4 章介绍序列和字典；第 5 章介绍 Python 函数；第 6 章介绍 Python 的文件操作；第 7 章介绍异常处理；第 8 章介绍面向对象的程序设计；第 9 章介绍 Python 中数据库的使用；第 10 章介绍 Python 的第三方库。本书中所有的示例均经过运行和调试。每章都配有习题，方便读者巩固所学知识。

本书由孙艳秋、刘世芳、吴磊担任主编，岳慧平、谭强、燕燕担任副主编，张柯欣、杨钧、王赫楠、王甜宇、夏书剑、李昀泽参与编写，并制作电子教案。具体编写分工如下：第 1 章由孙艳秋和吴磊编写，第 2 章由杨钧编写，第 3 章由岳慧平编写，第 4 章由谭强编写，第 5 章由刘世芳编写，第 6 章由燕燕编写，第 7 章由夏书剑编写，第 8 章由王赫楠编写，第 9 章由王甜宇编写，第 10 章由李昀泽和张柯欣编写。在此向在编写过程中给予帮助的各位同人表示衷心的感谢。

由于编者水平有限，书中难免有疏漏和不妥之处，恳请广大读者批评指正。

目　录

第 1 章　Python 语言概述

1.1　程序设计语言

程序设计语言是用于书写计算机程序的语言。语言的基础是一组记号和一组规则。根据规则由记号构成的记号串的总体就是语言。在程序设计语言中，这些记号串就是程序。程序设计语言有 3 个方面的因素，即语法、语义和语用。语法表示程序的结构或形式，即表示构成语言的各个记号之间的组合规律，但不涉及这些记号的特定含义，也不涉及使用者。语义表示程序的含义，即表示按照各种方法所表示的各个记号的特定含义，但不涉及使用者。语用表示程序与使用者的关系，涉及语言、语言使用环境以及语言使用者三者之间的相互作用。

从现代电子计算机诞生到现在，作为软件开发工具的程序设计语言大体上经历了机器语言、汇编语言和高级语言 3 个发展阶段。

1. 机器语言

机器语言是直接采用二进制代码 0、1 表示的，计算机能直接识别和执行的一种机器指令的集合。机器语言不经翻译即可被机器直接理解和接受。不同型号的计算机有各自的机器语言，即指令系统。从应用角度看，机器语言是最底层的语言。机器语言的特点是能被计算机直接识别、执行速度快、占用存储空间小，但编程难度大、难读难写、难以调试、难以修改和维护，编程效率低。

2. 汇编语言

汇编语言也称为符号语言，是机器指令的符号化，用助记符代替机器指令的操作码，用地址符号或标号代替指令或操作数的地址。

汇编语言较机器语言易读易写，并保留了机器语言执行速度快、占用存储空间小的优点。但汇编语言仍然是面向机器的语言，程序的编写仍然比较复杂，设计出来的程序不易被移植，因此不像其他大多数的高级计算机语言一样被广泛应用。在高级语言高度发展的今天，它通常被用在底层，如程序优化或硬件驱动的场合。汇编语言程序不能被计算机直接识别和执行，需要由起翻译作用的程序（汇编程序）将其翻译成机器语言程序（目标程序），才能被计算机执行，这一过程被称为汇编。

机器语言和汇编语言都直接操作计算机硬件并基于此设计，所以它们统称为低级语言。

3. 高级语言

高级语言是一种独立于计算机硬件系统，面向过程或对象的程序设计语言。高级语言是参照数学语言而设计的近似于人类会话的语言。

高级语言更接近于人类思维，在形式上接近于算术语言和自然语言，更容易描述计算执行步骤和指令。高级语言的一个命令可以代替几条、几十条甚至上百条汇编语言的指令。因此，高级语言易学易用，通用性强，应用广泛。

高级语言并不是特指的某一种具体的语言，而是包括很多编程语言，如 Java、C/C++、C#、Python、Basic、易语言等，这些语言的语法、命令格式都不相同。在这些高级语言中，Python 语言由于其简洁性、易读性及可扩展性，逐渐成为受欢迎的程序设计语言之一。

高级语言编写的程序称为源程序，源程序不能被计算机直接识别和执行，需要经过翻译程序翻译成机器语言程序（目标程序）才能被执行。用不同的高级语言编写的计算机程序，其执行方式是不同的。高级语言主要分为两类：静态语言和脚本语言。静态语言采用编译执行的方式，脚本语言采用解释执行的方式。

（1）编译

编译是将源程序代码转换成目标代码的过程，之后计算机逐条执行目标代码中的指令。源代码是计算机高级语言代码，而目标代码则是机器语言代码。执行编译任务的计算机程序称为编译器。通常情况下，不同的语言对应不同的编译器。

（2）解释

解释是将源代码逐条翻译成目标代码，同时逐条执行目标代码的过程。执行解释的计算机程序被称为解释器。

编译和解释的区别在于，编译是一次性地翻译，程序被编译后，运行时不再需要源代码；解释则是在每次程序运行时都需要解释器和源代码。编译的过程只进行一次，编译过程的速度并不是关键，关键是生成的目标代码的执行速度。因此，编译器一般集成尽可能多的优化技术，使生成的目标代码有更高的执行效率；而解释器考虑执行速度，一般不会集成过多的优化技术。

使用 Python 语言编写的程序就是解释执行的，Python 程序可以直接从源代码运行。基于这一特点，用户可以将一些代码行在交互方式下直接测试执行，使 Python 的学习和应用更加容易。

1.2 Python 语言简介

1.2.1 Python 语言的历史

Python 的创始人为荷兰人吉多·范罗苏姆（Guido van Rossum）。1989 年圣诞节期间，吉多为了打发无趣，决心开发一个新的脚本解释程序，作为 ABC 语言的一种继承。

ABC 是由吉多参加设计的一种教学语言。就吉多本人看来，ABC 非常优美和强大，是专门为非专业程序员设计的语言。但是 ABC 语言并没有成功得以推广应用，究其原因，吉多认为是其非开放性造成的。吉多下决心在 Python 中避免这一错误。同时，他还想实现在 ABC 中闪现过但未曾实现的东西。

吉多理想中的计算机语言，应能够方便地调用计算机的各项功能，如打印、绘图、语音等，而且程序可以轻松地编译与运行，适合所有人学习和使用。于是吉多开始编写这种理想的计算机语言的脚本解释程序，并命名为 Python。Python（大蟒蛇）这个名字，是取自英国 20 世纪 70 年代首播的电视喜剧《蒙提·派森的飞行马戏团》（*Monty Python's Flying Circus*）。Python 语言的目标是成为功能全面、易学、易用、可拓展的语言。

就这样，Python 诞生了。可以说，Python 是从 ABC 发展起来的，主要受到了 Modula-3（另一种相当优美且强大的语言，为小型团体所设计）的影响。并且结合了 UNIX Shell 和 C 的习惯。

Python 的第一个公开版本于 1991 年发布，它用 C 语言实现，能够调用 C 语言的库文件，具有类、函数、异常处理等功能，包含列表和词典等核心数据类型及以模块为基础的拓展系统。自 2004 年以来，Python 的使用率呈线性增长。

在 Python 的发展过程中，存在 Python 2.x 和 Python 3.x 两个不同系列的版本，这两个版本之间不完全兼容。Python 2 于 2000 年 10 月 16 日发布，其稳定版本是 Python 2.7。Python 3 于 2008 年 12 月 3 日发布，不完全兼容 Python 2。为了满足用户的需要，Python 2.x 和 Python 3.x 两个版本并存。

Python 3.x 和 Python 2.x 相比，在语句输出、编码、运算和异常等方面做了调整。Python 2.x 已于 2020 年停止提供支持，因此 Python 3.x 是目前主要的学习对象，Python 3.x 存在多个更新版本，本书程序使用 Python 3.7 版本的编译器。

1.2.2 Python 语言的特点

1. 简单易学

Python 语言是一种基于极简主义思想设计的语言，上手简单，适合作为学习编程的入门语言，即使没有编程基础，人们也可以在短时间内掌握其核心内容。好的 Python 程序读起来就像一篇英文文档，比较接近人类的自然语言，用户在使用 Python 的过程中可以更多地专注于要解决的问题，而不必过多地考虑计算机语言的细节，这也回归了计算机语言作为生产工具的服务性功能。因此，Python 语言也十分适合作为非计算机专业程序设计语言的教学语言。

2. 免费开源

Python 作为一种自由软件，它的使用和分发是完全免费的，就像其他的开源软件（如 Linux、Apache、Perl 等）一样，用户可以从 Python 语言的官网免费获得 Python 系统的源代码，并可以对 Python 源代码任意复制，或将其嵌入他们的系统或随产品一起发布，这些都没有任何限制。用户不需要为使用 Python 进行软件开发支付费用，不涉及版权问题。

但“免费”并不代表“无支持”，恰恰相反，Python 的在线社区对用户需求的响应和商业软件几乎一样快。而且，由于 Python 完全开放源代码，因此拥有众多的开发群体。广大用户可以随意查看 Python 已有的源代码，研究其代码细节或进行二次开发。同时因为“开源”，使越来越多的优秀程序员源源不断地加入 Python 开发中，持续提升开发者社群的整体实力，并产生了涵盖各领域的庞大的专业团队，这也使 Python 的功能越加丰富和完善。

3. 可扩展性

Python 本身内置了大约 200 个标准功能模块，每一个模块中都自带了功能强大的标准操作，用户只要了解了功能模块的使用格式，就可以将模块导入自己的程序中，使用其中的标准化功能，实现积木式程序开发。

这些 Python 标准库可以处理多种工作，包括正则表达式、文档创建、单元测试、数据库、HTML（hypertext markup language，超文本标记语言）、音频文件、密码系统、GUI（graphical user interface，用户图形界面）和其他各类系统相关操作。除了标准库，Python 还拥有大量由全球编程爱好者和专业团队开发的高质量的第三方库，如 Django、Scrapy matplotlib、Scipy、numpy、jieba、NLTK、Twisted 等。这些开源应用极大地提高了程序设计的效率，帮助用户更方便地处理各类工作任务。

另外，Python 程序还可以使用 C/C++编写的程序，从而使某段关键代码运行得更快或实现某些算法不公开；Python 程序也可以嵌入 C 或 C++程序中，以提高 C 或 C++程序的脚本支持能力，使其具有良好的可扩展性。

4. 面向对象

Python 语言既支持面向过程的程序设计，也支持面向对象的程序设计。在面向过程的语言中，程序是由过程或仅仅是可重用代码的函数构建起来的；在面向对象的语言中，程序是由数据和功能组合而成的对象构建起来的。

Python 本质上是完全面向对象的语言。函数、模块、数字、字符串都是对象，并且完全支持继承、重载、派生、多继承，有益于增强源代码的复用性。同时与其他主要的面向对象的程序设计语言（如 C++和 Java）相比，Python 以一种非常强大且简单的方式实现了面向对象编程，为大型程序的开发提供了方便。

5. 可移植性

Python 的可移植性是指 Python 语言编写的程序可以在不做任何改动的情况下在所有主流的计算机操作系统上运行。Python 的开源本质使其获得了良好的跨平台性，Python 程序可以方便地移植到多个平台。例如，用户在 Windows 操作系统中开发的一个 Python 程序，如果需要在 Linux 操作系统下运行，只要把代码复制过去，在安装了 Python 解释器的 Linux 计算机上就可以正常运行了。当然，如果用户的 Python 程序使用了依赖于系统的特性，则可能需要修改与平台相关的部分代码。Python 的应用平台主要包括 Windows、Linux、Solaris、OS/2、FreeBSD、Android、MacOS、iOS 等。可移植性强也是 Python 获得各种系统平台用户广泛支持的重要原因。

1.2.3 Python 语言的应用

由于 Python 语言的简洁性、易读性及可扩展性，国内外使用 Python 语言的个人、团体和机构日益增多，很多知名大学已经基于 Python 来讲授程序设计课程。例如，卡耐基梅隆大学的编程基础、麻省理工学院的计算机科学及编程导论就使用 Python 语言讲授。众多开源的科学计算软件包提供了 Python 的调用接口，如著名的计算机视觉库 OpenCV、三维可视化库 VTK、医学图像处理库 ITK。因此，Python 语言及其众多的扩展库所构成的开发环境十分适合工程技术、科研人员处理实验数据、制作图表，甚至开发科学计算应用程序。

目前，Python 的应用领域主要覆盖科学计算与数据处理、人工智能、Web 开发、游戏开发、GUI 开发、系统运维、云计算等诸多方面。

1. 科学计算与数据处理

Python 广泛应用于科学计算与数据处理领域。通常情况下，可以用 C/C++设计一些底层的算法并进行封装，然后用 Python 来做数据分析。因为算法模块较为固定，所以使用 Python 可以直接进行调用，根据数据分析与处理的需要灵活使用。Python 拥有众多的科学计算与数据处理扩展库，如 Scipy、Pandas 和 matplotlib 3 个经典的扩展库，它们分别为 Python 提供了数值运算、数据分析及绘图功能。

Scipy 是一款方便、易于使用、专为科学和工程设计的 Python 工具包。它包括统计、优化、整合、线性代数模块、傅里叶变换、信号和图像处理、常微分方程求解器等，可以解决很多科学计算问题，如微分方程、矩阵解析、概率分布等数学问题。

Pandas 是 Python 在做数据分析时常用的数据分析包，也是很好用的开源工具。Pandas 可以对较为复杂的二维或三维数组进行计算，同时还可以处理关系数据库中的数据。

matplotlib 库经常会被用来绘制数据图表，它是一个 2D 绘图工具，有着良好的跨平台交互特性。日常可以使用它来绘制描述统计的直方图、散点图、条形图等，几行代码即可出图。我们日常看到的 K 线图、月线图也可使用 matplotlib 绘制。

随着与日俱增的第三方扩展库的开发，Python 越来越适合做科学运算、数据分析、绘制高质量的 2D 和 3D 图像等。例如，美国航空航天局就大量使用 Python 进行各项高强度的科学计算。

2. 人工智能

人工智能是近年来非常重要的一个发展方向，目前世界上优秀的人工智能学习框架（如 Google 的 TransorFlow、FaceBook 的 PyTorch 及开源社区的神经网络库 Karas 等）都是用 Python 实现的，甚至微软的 CNTK（认知工具包）也完全支持 Python，而且微软的 VS Code 都已经把 Python 作为第一级语言进行支持。基于 Python 的大数据分析和深度学习、机器学习、自然语言处理发展出来的新兴人工智能领域已经无法离开 Python 的支持。

3. Web 开发

Python 包含标准的 Internet 模块，可用于实现网络通信及应用，经常被用于 Web 开发。虽然同属解释型语言的 JavaScript 在 Web 开发中的应用已经较为广泛，但 Python 具有很多独特的优势，如 Python 相比于 JavaScript、PHP 在语言层面较为完备，而且对于同一个开发需求能够提供多种方案。Python 库的内容更丰富，使用更加方便。通过 mod_wsgi 模块，Python 编写的 Web 程序可以在 Apache 服务器上运行。Python 在 Web 方面的第三方框架主要包括 Django、Turbo-Gears、Web2py、Zope 和 Flask 等，可以让程序员轻松地开发和管理复杂的 Web 程序。使用 Python 开发的 Web 项目小而精，支持最新的 XML（extensible markup language，可扩展标记语言）技术，而且数据处理的功能较为强大。典型的 Web 应用，如知乎、豆瓣、Google 爬虫、Google 广告、视频网站 YouTube 等，都使用 Python 进行开发。

由于 Python 的网络方面的功能非常强大，因此常用来实现网络“爬虫”。“爬虫”程序的真正作用是从网络上获取所需的数据或信息，并可以节省大量的人工时间。Python 目前是编写网络“爬虫”程序的主流编程语言之一。Python 自带的 urllib 库，第三方的 requests 库和 Scrappy 框架让开发“爬虫”变得非常容易。常用框架有 scrapy、grab、pyspider、portia、restkit、cola 和 demiurge 等。

4. 游戏开发

Python 的著名的第三方扩展库 PyGame 可用于直接开发一些简单游戏。目前，很多游戏的开发模式是使用 C/C++编写图像视频等高性能模块，而使用 Python 或 Lua 编写游戏的逻辑、服务器。虽然 Lua 的功能更简单、体积更小，但是 Python 支持的特性和数据类型更多，拥有比 Lua 更高阶的抽象能力，可以用更少的代码描述游戏业务逻辑，能够很好地把握项目的规模控制。

5. GUI 开发

Python 可以非常简单、快捷地实现 GUI 开发。Python 内置了 tkinter 的标准面向对象接口 Tk GUI API（application programming interface，应用程序接口），可以非常方便地开发图形界面应用程序。Python 还可以使用其他一些扩展包，如 wxPython、Jython、PyQt 等。

6. 系统运维

Python 是当前运维工程师首选的编程语言。在很多操作系统中，Python 是标准的系统组件。大多数 Linux 发行版和 MacOS.x 集成了 Python，可以在终端上直接运行 Python。Python 标准库包含了多个调用操作系统功能的库。通过第三方软件 pywin32，Python 能够访问 Windows 的 COM 服务及其他 Windows API。使用 IronPython，Python 能够直接调用.NET Framework。一般来说，Python 编写的系统管理脚本在可读性、性能、代码重用度、扩展性等方面都优于普通的 Shell 脚本。

7. 云计算

云计算的核心概念就是以互联网为中心，在网站上提供快速且安全的云计算服务与数据存储，让每个使用互联网的人都可以使用网络上庞大的计算资源与数据中心。通过这项技术，可以在很短的时间（几秒）内完成对数以万计的数据的处理，从而实现强大的网络服务。

云计算 3 种服务类型中的基础设施即服务（infrastructure as a service，IaaS）和软件即服务（software as a service，SaaS）需要用云计算管理平台（OpenStack）来搭建。而 OpenStack 就是采用 Python 语言开发的。

1.3 Python 的下载和安装

使用 Python 语言进行程序设计，需要依托于相关的集成环境，Python 是一个轻量级的软件，可以通过官方网址 https://www.python.org/downloads/免费下载各种版本的集成环境安装包。

Python 安装包下载页面如图 1-1 所示，当前显示的是适合 Windows 操作系统的 Python 3.7.4 版本，也可以通过单击页面中的 Linux/UNIX、MacOS 或 Other 链接选择适合 Linux/UNIX、MacOS 等其他操作系统的 Python 安装包。

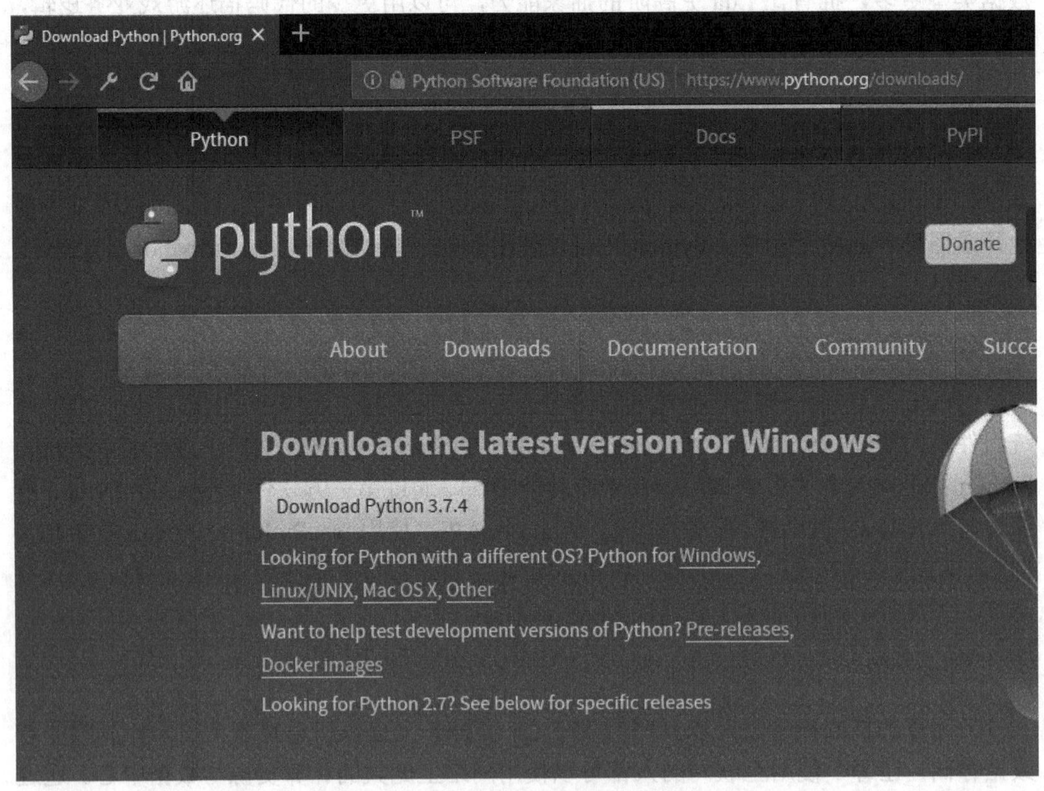

图 1-1 Python 安装包下载页面

如果要选择其他特定的 Python 版本，可以在页面中的 Looking for a specific release 下拉列表中选择特定的版本名称，进入其对应的页面，并下拉至 Files 列表，根据当前计算机的操作系统类型、位数来选择适合的安装包，如图 1-2 所示。

Files

Version	Operating System	Description	MD5 Sum	File Size	GPG
Gzipped source tarball	Source release		68111671e5b2db4aef7b9ab01bf0f9be	23017663	SIG
XZ compressed source tarball	Source release		d33e4aae66097051c2eca45ee3604803	17131432	SIG
macOS 64-bit/32-bit installer	macOS	for Mac OS X 10.6 and later	6428b4fa7583daff1a442cba8cee08e6	34898416	SIG
macOS 64-bit installer	macOS	for OS X 10.9 and later	5dd605c38217a45773bf5e4a936b241f	28082845	SIG
Windows help file	Windows		d63999573a2c06b2ac56cade6b4f7cd2	8131761	SIG
Windows x86-64 embeddable zip file	Windows	for AMD64/EM64T/x64	9b00c8cf6d9ec0b9abe83184a40729a2	7504391	SIG
Windows x86-64 executable installer	Windows	for AMD64/EM64T/x64	a702b4b0ad76debdb3043a583e563400	26680368	SIG
Windows x86-64 web-based installer	Windows	for AMD64/EM64T/x64	28cb1c608bbd73ae8e53a3bd351b4bd2	1362904	SIG
Windows x86 embeddable zip file	Windows		9fab3b81f8841879fda94133574139d8	6741626	SIG
Windows x86 executable installer	Windows		33cc602942a54446a3d6451476394789	25663848	SIG
Windows x86 web-based installer	Windows		1b670cfa5d317df82c30983ea371d87c	1324608	SIG

图 1-2　安装包文件列表

例如，如果用户所用的计算机安装的是桌面版 Windows 操作系统，并且位数是 64 位，那么可以通过单击 Windows x86-64 executable installer 下载得到 64 位的.exe 文件离线安装包，或单击 Windows x86-64 web-based installer 下载得到 64 位的.exe 文件在线安装包；如果 Windows 操作系统是 32 位的，则可以通过单击 Windows x86 executable installer 下载得到 32 位的.exe 文件离线安装包，或单击 Windows x86 web-based installer 下载得到 32 位的.exe 文件在线安装包。下载完成后双击得到的安装包，将启动安装向导，如图 1-3 所示。

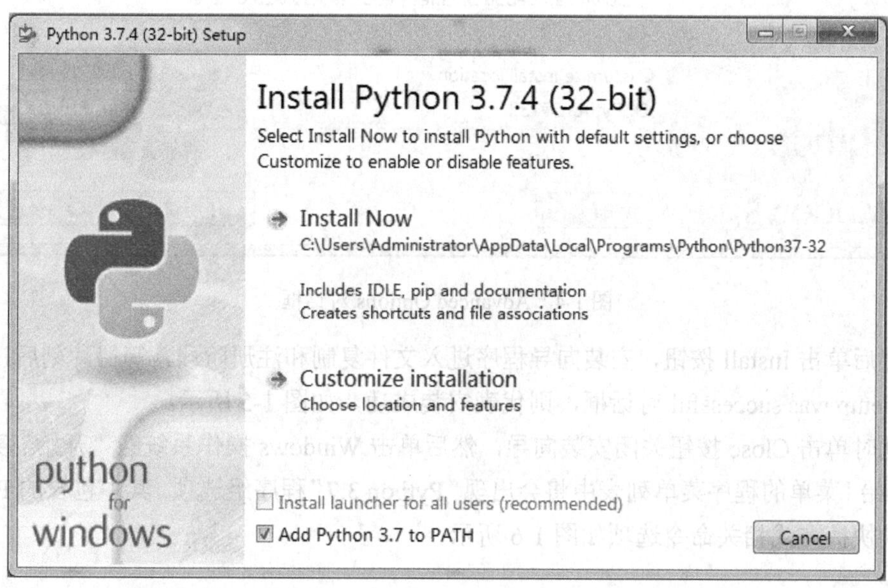

图 1-3　安装向导启动页面

接下来按照安装向导的提示进行操作。在向导的首个对话框中，建议选中下方的 Add Python 3.7 to PATH 复选框，这是为了将 Python 的可执行文件路径添加到 Windows 操作系统的 path 环境变量中，以便在将来的应用中启动各种 Python 工具。

然后选中上方的 Install Now 执行默认安装或单击“Customize installation”进入自定义安装流程，选择默认安装可以直接进入自动安装模式完成安装过程。如果要进行更多的自定义设置，则可以选择自定义安装，按照向导提示执行安装步骤。在单击 Customize installation 后，在弹出的 Optional Features 对话框中，建议保留各选项；单击 Next 按钮，在弹出的 Advanced Options 对话框中，建议选中 Install for all users 和 Precompile standard library 复选框，在最下面的 Customize install location 文本框中，设置好适合本机的安装路径，如图 1-4 所示。

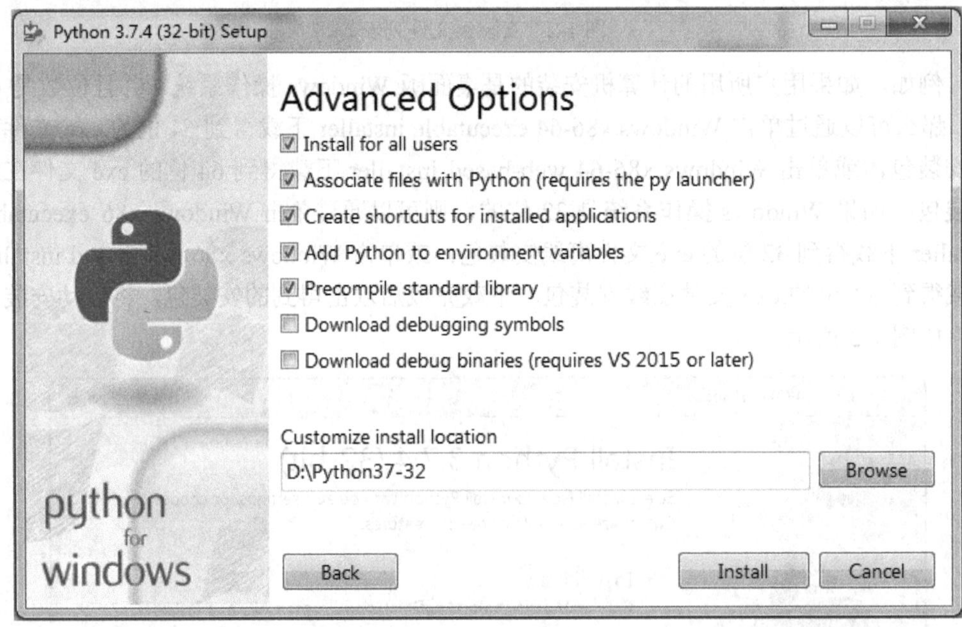

图 1-4　Advanced Options 对话框

然后单击 Install 按钮，安装向导程序进入文件复制和注册阶段，等待片刻后，直到出现 Setup was successful 对话框，则代表安装成功，如图 1-5 所示。

此时单击 Close 按钮关闭安装向导，然后单击 Windows 操作系统的“开始”菜单，在“开始”菜单的程序菜单列表中将会出现“Python 3.7”程序组选项，其中包含的 Python 的启动快捷方式相关命令选项如图 1-6 所示。

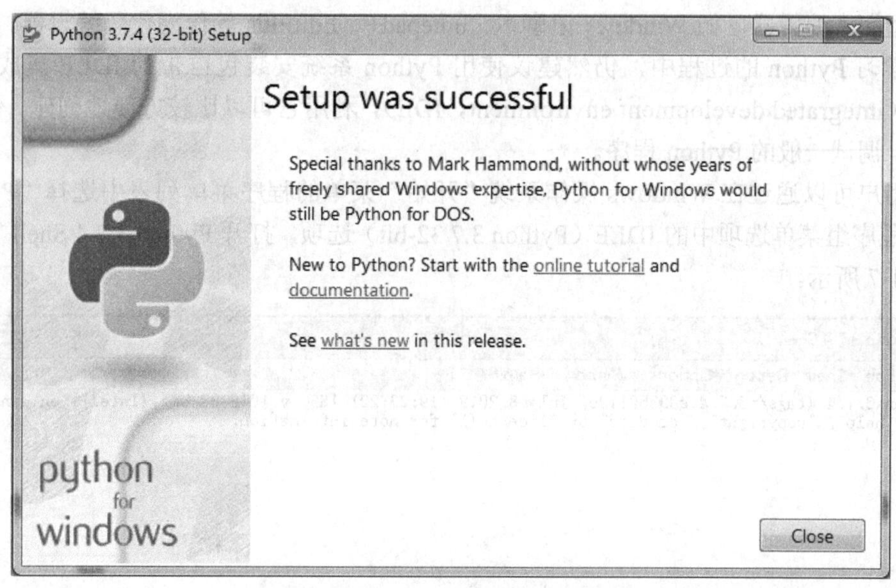

图 1-5　Setup was successful 对话框

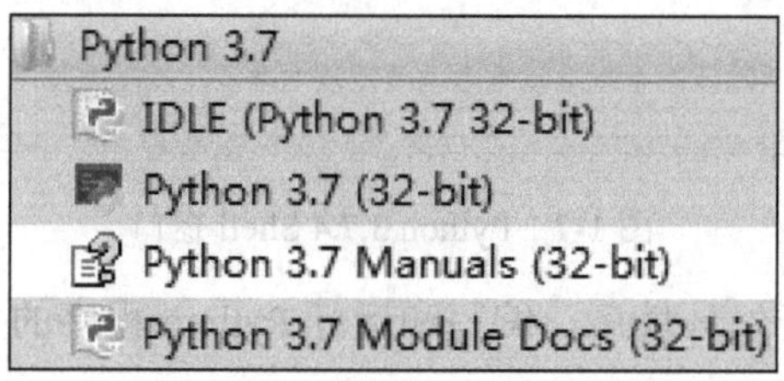

图 1-6　“开始”菜单中的 Python 程序组选项

这些相关命令选项的含义如下。

1）IDLE（Python 3.7 32-bit）：用于启动 Python 软件包自带的 IDLE 集成开发环境。

2）Python 3.7（32-bit）：以行命令方式启动 Python 的解释器。

3）Python 3.7 Manuals（32-bit）：用于打开 Python 的使用手册/说明文档。

4）Python 3.7 Module Docs（32-bit）：以内置服务器的方式打开 Python 的模块使用帮助文档。

1.4　集成开发环境

一般来说，Python 作为一种解释执行的脚本语言，开发者首先要在文本编辑工具中书写 Python 程序源代码，然后由 Python 的解释器执行。开发者可以选择一般意义上的通用型文本编辑器，如 Windows 记事本、notepad+、EditPlus 等作为代码编辑器。但在初次学习 Python 的过程中，仍然建议使用 Python 系统安装包自带的 IDLE 集成开发环境（integrated development environment，IDE），利用它可以比较方便地创建、保存、运行、调试一般的 Python 程序。

用户可以通过在 Windows 操作系统“开始”菜单的程序菜单列表中选择“Python 3.7”程序组菜单选项中的 IDLE（Python 3.7 32-bit）选项，打开 Python 3.7.4 Shell 窗口，如图 1-7 所示。

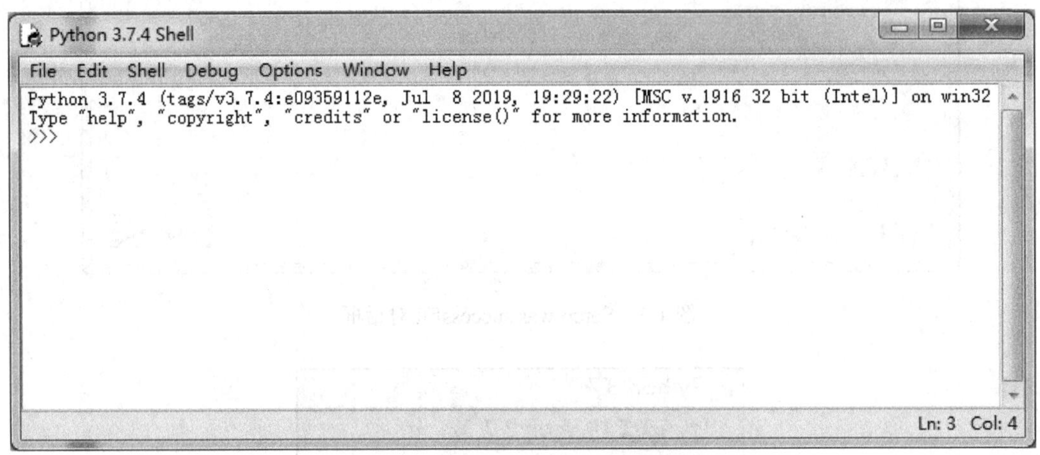

图 1-7　Python 3.7.4 Shell 窗口

在进入 IDLE 集成开发环境后，编写和运行 Python 程序的主要操作如下。

1. 创建 Python 程序

在 IDLE 窗口中选择 File→New File 选项或按 Ctrl+N 组合键，即可打开一个初始文件名为 Untitled 的 Python 的程序代码编辑器窗口。IDLE 窗口的标题显示的是程序文件名，Untitled 表示该 Python 程序文件还没有命名保存。

2. 保存 Python 程序

在 IDLE 窗口中选择 File→Save 选项或按 Ctrl+S 组合键，即可保存 Python 程序。另外，在初始文件名 Untitled 编辑器窗口中输入部分代码后单击窗口中的“关闭”按钮，也会触发保存功能。如果是首次保存，则会弹出“另存为”对话框，要求用户输入文件名及保存的路径，之后单击“保存”按钮即可。保存之后将形成一个扩展名为.py 的文件，这是保存 Python 程序文件默认的文件扩展名。

3. 打开 Python 程序

在 IDLE 窗口中选择 File→Open 选项或按 Ctrl+O 组合键，系统会弹出“打开”对话框，要求用户通过定位路径，选择相应的文件名，来打开已经事先保存好的 Python 源程序文件。

4. 运行 Python 程序

在 IDLE 程序编辑器窗口中选择 Run→Run Module 选项或按 F5 键，可以在 IDLE 窗口中运行当前的 Python 程序。如果程序中存在语法错误，运行时会弹出 SyntaxError 对话框，在其中显示 invalid syntax，同时疑似错误发生位置会出现一个浅红色方块覆盖相关字符，提示用户进行相应的修改。

Python 程序有以下两种运行模式。

第一种模式称为交互模式，即用户每输入一行程序代码，按 Enter 键后，Python 解释器即时响应用户输入的程序代码并执行，如果产生有效输出，则显示输出结果。

第二种模式称为文件模式，即将所有代码在程序代码编辑器窗口中输入，并保存为 Python 源程序文件，然后启动 Python 解释器批量解释并执行文件中的代码。

文件模式也是传统意义上常用的编程模式，大多数计算机程序设计语言的开发环境只提供文件模式。Python 的交互模式主要用于调试少量代码，可以使部分程序代码的演练更加方便、快捷，这也让用户学习 Python 编程变得更加容易。

下面以输出一个指定字符串和 3 个数的算术加法结果的简单程序为例，来说明这两种模式的启动和执行方法。

进入 IDLE 集成开发环境后，在图 1-7 所示的 IDLE 窗口中可以看到交互模式的提示符 “>>>”，当系统显示 “>>>” 时，说明系统处于等待输入的状态，此时每输入一行代码后，按 Enter 键换行，该行代码就会被立即执行。以下两行代码都能够产生有效的输出，因此这两行代码的执行结果都能在对应代码行后立即显示出来。

```
>>> print("Hello China!")
Hello China!
>>> 1+3+8
12
```

在 IDLE 窗口中选择 File→New File 选项或按 Ctrl+N 组合键，打开一个程序代码编辑窗口，在其中输入两行程序代码后，选择 Run→Run Module 选项或按 F5 键。如果提示保存，则执行相应的保存文件操作，之后系统将在 IDLE 窗口中显示程序的运行结果，如图 1-8 所示。

如果程序代码中出现错误，则系统将给出相应的错误提示，用户修改后，可以继续调试运行。

相比较而言，交互模式适合初学者学习语句或函数的功能，每执行一行代码即可看到运行结果，简单直观，但程序代码无法保存；文件模式适合书写多行代码，方便用户进行实际的程序设计，在实际开发中应用较多。

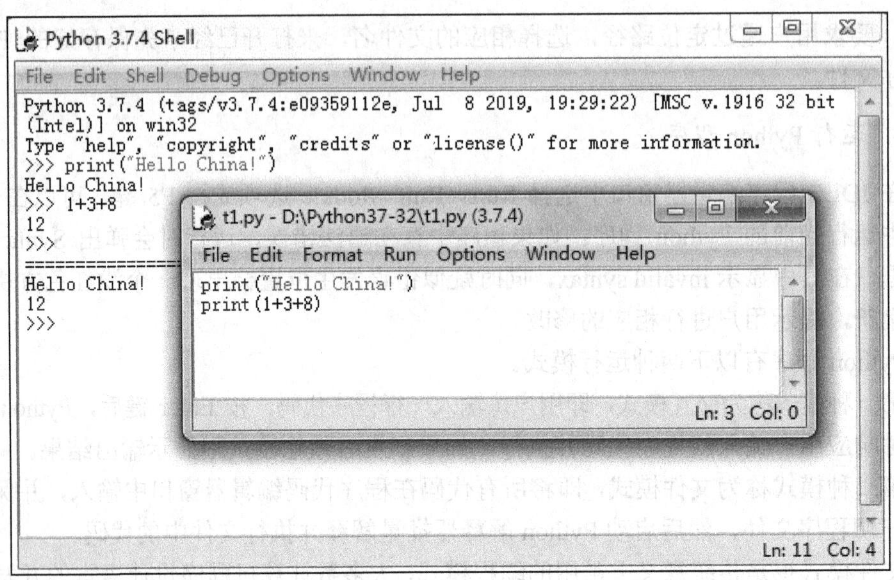

图 1-8 IDLE 程序代码编辑窗口

除此之外，在 Windows 操作系统中，双击 Python 程序文件图标也可以执行程序，但这种方式在实际应用中较少使用。

除了 Python 系统自带的 IDLE，还有很多其他的集成开发环境，如 PyCharm、VS Code、Thonny、Online Python Tutor 等，用户可以根据实际需求选用。

PyCharm 是一个由 JetBrains 开发的 Python IDE，PyCharm 的功能比较齐全，带有一整套可以帮助用户提高 Python 开发效率的工具，如调试、语法高亮显示、项目管理、代码跳转、智能提示、自动完成、单元测试、版本控制等。此外，该 IDE 提供了一些高级功能，以用于支持 Django 框架下的专业 Web 开发。PyCharm 同时还支持 Google App Engine 和 IronPython。这些功能在先进代码分析程序的支持下，使 PyCharm 成为 Python 专业开发人员和初学人员都可以使用的有力工具。

VS Code 的全称为 Visual Studio Code，是 Microsoft 公司在 2015 年 Build 开发者大会上正式宣布的一个运行于 MacOS X、Windows 和 Linux 之上的，针对编写现代 Web 和云应用的跨平台源代码编辑器。它具有对 JavaScript、TypeScript 和 Node.js 的内置支持，并具有丰富的其他语言（如 C++、C＃、Java、Python、PHP、Go）和运行时（如.NET 和 Unity）扩展的生态系统。

Thonny 是一个主要面向初学者的、简洁的轻量级 IDE。Thonny 由爱沙尼亚的 Tartu（塔尔图）大学开发，它采用不同的方法，支持语法着色、代码自动补全、调试等功能，因为它的调试器是专为编程学习和教学而设计的，所以比较适合初学者使用。

Online Python Tutor 是由 Philip Guo 开发的一个免费教育工具，可帮助学生攻克编程学习中的基础障碍，理解每一行源代码在程序执行时在计算机中的过程。通过这个工具，教师或学生可以直接在 Web 浏览器中编写 Python 代码，并一步一步可视化地执行程序。

本书主要使用 Python 系统自带的 IDLE 集成开发环境来设计所涉及的程序。

1.5 Python 程序格式规范

为方便读者了解 Python 语言程序在书写格式方面的基本特点和一些常用的格式规范要求，我们给出一个具体的 Python 语言程序实例。该程序代码如下：

```
x=int(input("请输入一个数:"))    #经输入设备输入一个数据，并进行区间分段运算
if x>=10:
    y=x-5
    print("{}".format(y))
elif -10<=x<10:
    y=x*2+1
    print("{}".format(y))
else:
    print("该数已超出范围")
```

程序的第一行语句代码：

```
x=int(input("请输入一个数:"))    #经输入设备输入一个数据，并进行区间分段运算
```

在执行时，会在 IDLE 主窗口中提示用户使用键盘输入一个数据。“#”后面的内容为代码的注释部分。

```
if x>=10:
    y=x-5
    print("{}".format(y))
elif -10<=x<10:
    y=x*2+1
    print("{}".format(y))
else:
    print("该数已超出范围")
```

这些语句代码将针对第一行语句所接收到的用户输入数据进行条件筛选，根据条件所设定的数值区间范围不同转而执行不同区块的语句行部分。

如果输入的数值大于或等于 10，则执行：

```
y=x-5
print("{}".format(y))
```

如果输入的数值位于[-10,10）区间范围，则执行：

```
y=x*2+1
print("{}".format(y))
```

如果输入的数值小于-10，则执行：

```
print("该数已超出范围")
```

以上这些语句使用了选择分支结构，该类结构语句将在第 3 章学习。

通过这个程序实例，我们可以初步了解 Python 程序语句的一般书写风格。Python 语言在书写格式方面具有如下基本规范。

1）Python 通常是一行写完一条语句。每行代码建议尽量不超过 80 个字符，但也不是严格要求在 80 个字符以内。如果语句很长，可以使用反斜杠“\”来实现多行语句。如果需要在同一行中放置多条语句，语句之间应使用分号“;”进行分隔。

2）Python 使用缩进来表示代码块，通常统一使用 4 个半角空格进行缩进，同一个代码块的语句各行都必须包含相同的缩进空格数。一般情况下，可以使用 1 个 Tab 键代替 4 个半角空格。但需要注意的是，Tab 键并不总是 4 个 Space 键，所以有时候可能因此出错。

3）Python IDLE 程序代码编辑器窗口除文本编辑功能外，还包含 Python 的语法高亮显示、自动缩进、简单智能提示等辅助编辑功能。语法高亮显示是指在编辑器窗口内能够自动给代码中不同的元素字体分配不同的颜色。默认设置下，关键字以橘红色显示，内置函数名以紫色显示，字符串以绿色显示，注释以红色显示，定义和解释器输出以蓝色显示等。语法高亮显示可以让用户更容易区分不同的语法元素，也在一定程度上减少了出错的可能性。

4）Python 的单行注释以“#”开头，也可以通过选择 IDLE 程序代码编辑器窗口中的 Format→Comment Out Region 选项将所选代码内容转为注释。注释一般用来注明程序代码的名称或功能，这是为了增加程序的可读性，也有利于后续通过调试来进一步改进和完善程序。在程序调试时临时需要不执行某些行时，建议在不执行的行前面加“#”，可有效避免大量删改。注释中可以包含任何描述或代码，Python 解释器会自动忽略注释语句不运行。

小　结

本章首先介绍了程序设计语言的概念、发展、特点和分类。采用不同的高级语言编写的计算机程序的执行方式是不同的，静态语言和脚本语言编写的程序分别采用编译执行和解释执行两种执行方式。之后着重介绍了 Python 语言的历史、特点和应用，并详细阐述了 Python 软件的下载和安装过程。Python 系统安装包自带的 IDLE 集成开发环境可以较为方便地创建、保存、运行、调试一般的 Python 程序。Python 程序的运行包括交互模式和文件模式两种运行方式。最后简要说明了 Python 程序语句的一般书写风格和书写格式方面的基本规范。

习 题

一、选择题

1．Python 语言在类别上属于（　　）。

A．机器语言　　B．汇编语言

C．低级语言　　D．高级语言

2．Python 源程序文件的扩展名是（　　）。

A．.txt　　B．.py

C．.pyc　　D．.pys

3．下列选项中，不属于 Python 语言特点的是（　　）。

A．免费与开源　　B．可移植性

C．运行效率高　　D．面向对象

4．Python 内置的集成开发工具是（　　）。

A．IDE　　B．IDLE

C．PyDev　　D．PyCharm

5．Python 语言的官方网址是（　　）。

A．www.python.com　　B．www.python.edu

C．python.net　　D．www.python.org

6．下列选项中，不属于面向对象程序设计语言的是（　　）。

A．C　　B．Java

C．C++　　D．Python

7．下面叙述中正确的是（　　）。

A．Python 是解释执行的语言

B．Python 程序以交互模式运行时执行速度更快

C．Python 2.x 与 Python 3.x 兼容

D．Python 语言具有其他高级语言的一切优点

8．下面叙述中正确的是（　　）。

A．Python 程序每行只能写一条语句

B．Python 语句可以从一行的任意一列开始

C．在执行一个 Python 程序的过程中，解释器可以发现注释中的拼写错误

D．Python 程序同一代码块的语句必须对齐

9．Python 标识单行注释的符号是（　　）。

A．%　　　　B．&

C．#　　　　D．*

10．在 Python IDLE 运行环境中，语法呈高亮显示。默认设置下，关键字显示为（　　）。

A．红色　　　　B．橘红色

C．紫色　　　　D．绿色

二、填空题

1．Python 语言是一种面向对象的程序设计语言，使用 Python 语言编写的程序是________执行的。

2．使用 Python 编写的语言程序无须修改就可以在不同的平台上运行，这是________特性。

3．在 Python 程序中，如果语句过长，要实现多行语句，在写完一行语句后，可以使用________符号。

4．在 Python 程序中，代码块使用________来标识。

5．在 Python 程序中，如果需要在同一行中放置多条语句，语句之间可以使用________进行分隔。

第2章 Python语言基础

本章主要介绍 Python 语言的关键字、标识符、常量、变量、数据类型和运算符等基础知识，同时还介绍输入函数、输出函数、内置函数及常用模块的使用，这些都是使用 Python 语言编写程序的基础。

2.1 关键字与标识符

与我们使用的自然语言相似，Python 语言的基本单位是“单词”。Python 语言保留了某些具有特殊用途的单词，称为关键字。Python 语言中大部分单词是用户自己定义的，称为标识符，标识符一般用来命名程序中的变量或函数。

2.1.1 Python 语言中的关键字

Python 语言中的关键字具有特殊用途，可以用来构成程序整体框架，表示一些特殊值和复杂语义等。关键字不允许另作他用，否则执行时会出现语法错误。

如果用户需要查看 Python 语言中的关键字信息，可以在使用 import 语句导入 keyword 模块之后，使用“print（keyword.kwlist）”语句查看 Python 语言中的所有关键字。

例 2-1 查看 Python 语言中的所有关键字。

```
>>> import keyword
>>> print(keyword.kwlist)
['False', 'None', 'True', 'and', 'as', 'assert', 'async', 'await', 'break', 'class', 'continue', 'def', 'del', 'elif', 'else', 'except', 'finally', 'for', 'from', 'global', 'if', 'import', 'in', 'is', 'lambda', 'nonlocal', 'not', 'or', 'pass', 'raise', 'return', 'try', 'while', 'with', 'yield']
```

2.1.2 Python 语言中的标识符

计算机中的变量、函数等都需要有自己的名称，以方便用户使用。这些由用户定义使用的符号就是标识符。在 Python 语言中，合法的标识符具有如下要求。

1）由字母、数字、下画线、汉字组成的字符串，而且首字符不能是数字。

2）不能与 Python 语言中的关键字的名称相同。

需要注意的是，Python 语言中的标识符是区分大小写的，命名标识符时尽量做到见名知义，从而提高代码的可读性。

例如，a2、_abc、成绩是 Python 语言中合法的标识符；又如，5mnk、True、m&n 是 Python 语言中非法的标识符。

2.2 数据与数据类型

Python 语言中的数据分为常量和变量，而它们的类型则表示了数据的状态和行为。将数据分为不同的类型可以提高程序的处理效率，节省存储空间。

2.2.1 常量与变量

常量是指初始化后值就保持不变。常量可分为整型、浮点型、字符型、布尔型等。例如，300、3.14、"李明"、True 等都是常量。

因为变量在程序中用变量名来表示，且变量名必须是合法的标识符，所以 Python 语言中变量的命名也具有如下要求。

1）由字母、数字、下画线、汉字组成的字符串，而且首字符不能是数字。

2）不能与 Python 语言中的关键字的名称相同。

变量同样也具有类型，变量的类型由所赋的值来决定。

在 Python 语言中，给变量赋值时，可以分为给单一变量赋值、给多个变量赋同一个值，以及给多个变量赋多个值 3 种不同的情况。

1. 给单一变量赋值

语法格式如下：

```
变量=表达式
```

赋值号左边必须是变量，右边则是表达式。赋值运算的作用是将赋值号右边的值传送给赋值号左边的变量。例如，x=1 是一个合法的赋值运算，是指把 1 赋值给 x，这和数学中的等式是两种完全不同的含义。

2. 给多个变量赋同一个值

语法格式如下：

```
变量 1=变量 2=...=变量 n=表达式
```

该赋值运算的作用是将表达式的值传送给每一个变量。

3. 给多个变量赋多个值

语法格式如下：

```
变量 1,变量 2,...,变量 n=表达式 1,表达式 2, ...,表达式 n
```

该赋值运算的作用是将每一个表达式的值分别传送给它所对应的变量。

例 2-2 赋值运算符的应用示例。

```
>>> x="Python"          #为一个变量赋值，x 的值为"Python"
>>> x
'Python'
>>> x=y=z=0             #为多个变量赋值，x、y、z 的值均为 0
>>> x
0
>>> y
0
>>> z
0
>>> n,s="Rose",90       #为多个变量赋多个值，n 的值为"Rose"，s 的值为 90
>>> n
'Rose'
>>> s
90
>>> n,s=s,n            #变量 n、s 的值互换
>>> s
'Rose'
>>> n
90
```

将数据分为合理的类型既可以方便数据的处理，也可以提高程序的处理效率，还能节省存储空间。Python 语言中的数据类型包括数字类型（number）、字符串类型（str）、列表类型（list）、元组类型（tuple）等。本节重点介绍 Python 语言的数字类型和字符串类型，其余类型将在后面章节中介绍。

2.2.2 数字类型

数字类型包含整型（int）、浮点型（float）、复数型（complex）和布尔型（bool）4 种，可以使用 Python 语言中的内置函数 type( )来测试各种数据的类型。

1. 整型

整数包括正整数、0 和负整数，不包括小数点。整数可以表示为十进制、十六进制、八进制和二进制等不同的进制形式。默认情况下采用十进制表示，如果采用其他进制表示，则需要增加前缀以示区分：二进制增加前缀“0b”或“0B”；八进制增加前缀“0o”或“0O”；十六进制增加前缀“0x”或“0X”。

例 2-3 各种进制整数的使用方法。

```
>>> 123
123
>>> 0b101
5
>>> 0o123
83
>>> 0x123
291
```

2. 浮点型

浮点数表示带有小数的数，与数学中的实数概念一致。

浮点数有以下两种表示形式。

1）十进制小数形式。十进制小数由数字和小数点组成，其中必须要有小数点，如 3.2、1.0 等。

2）科学记数法形式。使用科学记数法表示的浮点数，用字母 e（或 E）表示以 10 为底的指数，e（或 E）之前为小数部分，e（或 E）之后为指数部分，指数必须为整数，如 1.23e2 和 1.23E2 均表示 123.0。

3. 复数型

复数用来表示数学中的复数，如 8+10j、-2j 都是复数型数据。Python 语言中的复数型数据有以下 3 个特点。

1）复数由实数部分和虚数部分构成，表示为实部+虚部 j（或 J）。

2）实数部分和虚数部分都是浮点型数据。

3）复数对象有 real 和 imag 两个属性，用于查看实部和虚部。

这里需要注意的是，复数必须有表示虚部的浮点数和 j，如 99.8j、1j 都是复数。表示虚部的浮点数即使是 1 也不能省略。

4. 布尔型

布尔型数据可以看作是一种特殊的整数，布尔型数据只有两个取值：True 和 False。

如果将布尔值用于数值运算，则 True 会被当作整数 1，False 会被当作整数 0。

None、False、整型 0、浮点型 0.0、复数 0.0+0.0j、空字符串""的布尔值都是 False。这些数据的布尔值可以用 Python 语言中的 bool( )函数测试。

例 2-4 type( )函数及 bool( )函数的应用示例。

```
>>> x1=0
>>> type(x1),bool(x1)
(<class 'int'>, False)
>>> x2=5.8
>>> type(x2),bool(x2)
(<class 'float'>, True)
>>> x3=""
>>> type(x3),bool(x3)
(<class 'str'>, False)
```

2.2.3 字符串类型

Python 语言中的字符串是指字符的集合，字符串可以用来表示文本数据，它被引号所包含，引号可以是单引号、双引号或三引号。单引号和双引号两者的作用相同，包含的是单行字符串。三引号可以包含多行字符串。

字符串的英文字符和中文字符都使用 Unicode 编码表示，为了节省存储空间，在字符传输和存储中常使用 Unicode 编码中的 UTF-8 编码形式。UTF-8 编码是指存储一个字符使用 1 字节，需要强调的是存储一个汉字也使用 1 字节。这种编码方式是一种可变长的编码，是 Unicode 根据一套规则转换而来的。

例 2-5 字符串的输出练习。

```
>>> 'hello'                    #单引号包含的单行字符串
'hello'
>>> "rose"                     #双引号包含的单行字符串
'rose'
>>> '''新年快乐，              #三引号包含的多行字符串
吉祥如意！'''
'新年快乐，\n 吉祥如意！'
```

Python 语言为了表示一些在某些场合不能直接输入的字符，还提供了一种特殊形式的转义字符，即以一个转义标识符“\”（反斜杠）开头的字符序列，如\n 表示换行、\r 表示回车。转义字符多用于输出函数 print( )中。常用的转义字符如表 2-1 所示。

表 2-1　常用的转义字符

转义字符	功能描述	转义字符	功能描述
\（在行尾时）	Python 的续行符	\n	换行
\\	反斜线符号	\t	横向制表符
\'	单引号	\r	回车
\"	双引号	\f	换页
\a	响铃	\ooo	八进制数表示的 ASCII 码对应字符
\b	退格（backspace）	\xhh	十六进制数表示的 ASCII 码对应字符

例 2-6　转义字符的应用示例。

```
>>> print('新年快乐，\n 吉祥如意！')
新年快乐，
吉祥如意！
>>> print("python")
python
>>> print("\"python\"")
"python"
```

字符串是由字符组成的序列，可以按照单个字符进行索引。字符串的索引包括正向递增和反向递减两种索引体系，如图 2-1 所示。

正向递增索引	0	1	2	3	4	5
字符串	p	y	t	h	o	n
反向递减索引	-6	-5	-4	-3	-2	-1

图 2-1　Python 字符串的两种索引体系

如果字符串中的字符个数为 N，正向递增索引从左到右依次为 0,1,⋯,N−1，反向递减索引从右到左依次为−1,−2,⋯,−N。这两种字符索引的方法可以同时使用。Python 语言中的字符串也提供区间访问方式，采用[S:D]格式，表示字符串中从序号 S 到序号 D（不包含 D）的子字符串。

例 2-7　字符串的索引与区间访问示例。

```
>>> ss="python"
>>> ss[0]
'p'
>>> ss[-1]
'n'
```

```
>>> ss[1:3]
'yt'
>>> ss[0:-1]
'pytho'
```

2.3 运算符与表达式

运算符是用于表示不同运算类型的符号，运算符可以分为算术运算符、比较运算符、逻辑运算符、赋值运算符等。

2.3.1 算术运算符

算术运算符包括+（加）、-（减）、*（乘）、/（除）、%（取余）、**（幂运算）、//（整除）共 7 种。算术运算除了能完成加、减、乘、除四则运算，还有一些特殊运算。例如，取余运算返回两数相除的余数；幂运算返回 a 的 b 次幂；整除运算返回商的整数部分。

算术运算结果的类型既与参与运算的数值类型有关，也与运算符有关，一般遵循如下规则。

1）整型和浮点型混合运算，结果为浮点型。

2）整型或浮点型与复数运算，结果为复数型。

3）整型之间运算，产生结果的类型与运算符有关。除法运算的结果为浮点型，其他算术运算的结果为整型。

由算术运算符将数字类型变量连接起来构成算术表达式，它的计算结果是一个数字类型。不同类型的数据进行运算时，这些数据类型应当是兼容的，并遵循运算符的优先级规则。

例 2-8 算术运算符的应用示例。

```
>>> 7+2
9
>>> 7-2
5
>>> 7*2
14
>>> 7/2
3.5
>>> 7//2
```

```
3
>>> 7%2
1
>>> 7**2
49
```

2.3.2 比较运算符

比较运算是指两个数据之间的比较运算。比较运算符有 6 个，即 >（大于）、<（小于）、>=（大于或等于）、<=（小于或等于）、==（等于）和 !=（不等于）。

如果符合给定的条件，则比较结果就是 True，否则是 False。比较运算符既可以用于数字类型数据的比较，也可以用于字符或字符串的比较。字符或字符串的比较按照 Unicode 编码的大小比较，通常先比较第一个字母的大小，如果相同再比较下一个字母的大小，以此类推。

在上述比较运算符中，==和！=是同一个级别的运算符，其优先级最高；>、>=、<、<=是同一级别的运算符，它们的优先级较低。如果在一个表达式中同时出现多个运算符，则按优先级的高低顺序计算；同一级别的运算符进行运算时，遵循从左到右依次运算的原则。

例 2-9 比较运算符的应用示例。

```
>>> "Abc"=="abc"
False
>>> 10!=10.0
False
>>> 5>3
True
>>> 3>=3
True
>>> "Abc"<"abc"
True
>>> "Abc"<="abc"
True
```

2.3.3 逻辑运算符

逻辑运算符包括 and、or、not，分别表示逻辑与、逻辑或、逻辑非，运算结果是布尔值 True 或 False。其中，not 的优先级最高，and 的优先级次之，or 的优先级最低。

逻辑与（and）是指运算符两侧数据同时为真，其值为真，其余情况均为假。

逻辑或（or）是指运算符两侧数据同时为假，其值为假，其余情况均为真。

逻辑非（not）是指如果将真（True）取反，则值为假；如果将假（False）取反，则值为真。

逻辑运算符的功能描述如表 2-2 所示。

表 2-2 逻辑运算符的功能描述

逻辑运算符	表达式	功能描述
and	x and y	x、y 有一个为 False，逻辑表达式的值为 False
or	x or y	x、y 有一个为 True，逻辑表达式的值为 True
not	not x	x 的值为 True，逻辑表达式的值为 False；x 的值为 False，逻辑表达式的值为 True

例 2-10 逻辑运算符的应用示例。

```
>>> a=3
>>> b=10
>>> a>1 and b<5
False
>>> a>1 or b<5
True
>>> a>1 or b<5 and a>b
True
>>> 0 and 1 or not 2<True
True
```

2.3.4 赋值运算符

赋值运算符用于计算表达式的值并赋给变量。赋值运算符可以和算术运算符组合成复合赋值运算符，如+=、-=、*=等。它是一种缩写形式，在进行赋值运算时显得更为简单。Python 语言中常见复合赋值运算符的功能描述与示例如表 2-3 所示。

表 2-3 复合赋值运算符的功能描述与示例

复合赋值运算符	功能描述	示例
+=	加法赋值运算符	x+=y 相当于 x=x+y
-=	减法赋值运算符	x-=y 相当于 x=x-y
*=	乘法赋值运算符	x*=y 相当于 x=x*y
/=	除法赋值运算符	x/=y 相当于 x=x/y
%=	取余赋值运算符	x%=y 相当于 x=x%y
**=	幂赋值运算符	x**=y 相当于 x=x**y
//=	整除赋值运算符	x//=y 相当于 x=x//y

例 2-11 赋值运算符的应用示例。

```
>>> x=1
>>> x+=1
>>> x
2
>>> x=2
>>> x**=3
>>> x
8
>>> x=1
>>> x*=x+1
>>> x
2
```

2.3.5 运算符的优先级

常量、变量和运算符等按一定的语法形式组成了表达式，表达式中的运算符存在优先级。优先级是指在同一表达式中多个运算符被执行的次序。在计算表达式值时，应该按照运算符的优先级由高到低的次序执行，运算符的优先级如表 2-4 所示。在表达式中，可以使用小括号()来改变运算次序，小括号中的表达式将被首先计算。

如果一个运算对象两侧的运算符优先级相同，则按规定的结合方向处理，在 Python 语言中，!（非）、+（正）、-（负）及赋值运算符的结合方向是“先右后左”，其余运算符的结合方向都是“先左后右”。

表 2-4 运算符的优先级

优先次序	运算符	优先次序	运算符
1	**（指数）	7	^（按位异或）、|（按位或）
2	~（按位取反）、+（正数）、-（负数）	8	<、>、<=、>=
3	*、/、%、//	9	==、!=
4	+、-	10	=、+=、-=、*=、/=、%=、//=
5	>>（右移）、<<（左移）	11	not
6	&（按位与）	12	and、or

例 2-12 运算符优先级的应用示例。

```
>>> not  2<True
True
>>> 0 and 1 or True
True
```

```
>>> True or 2<3 and 10>100
True
>>> 2+4/5
2.8
>>> 3*(2+12%3)
6
>>> 3*2**3/5
4.8
```

2.4 数据的输入与输出

计算机程序是用来解决特定问题的，每个程序都有统一的模式：输入数据、处理数据和输出结果。输入是一个程序的开始，输出是程序展示运算结果。下面介绍常用的输入函数和输出函数。

2.4.1 输入函数

输入函数 input( )的功能是从键盘读取一行数据，并返回一个字符串。input( )函数可以包含一些提示性文字，其语法格式如下：

```
变量=input(<提示性文字>)
```

其中，提示性文字是可选的，如果选择该参数，则显示提示信息。若不选该参数，则没有提示信息，用户直接从键盘输入数据。

为了能在程序中操作用户输入的内容，通常需要将 input( )函数输入的内容赋值给一个变量。

无论用户输入什么内容，input( )函数的返回结果都是字符串类型。如果用户需要把输入的内容作为数字类型使用，可以使用 eval( )函数进行转换。eval( )函数经常和 input( )函数一起使用，用来获取用户输入的数字类型数据，其语法格式如下：

```
变量=eval(input(<提示性文字>))
```

eval( )函数的功能是去掉字符串最外层的引号，并执行去掉引号后的字符串。

例 2-13 使用 input( )函数输入数据。

```
>>> name=input("请输入姓名：")
请输入姓名：Rose
>>> name
'Rose'
>>> score=eval(input("请输入成绩："))
```

```
请输入成绩：90
>>> score
90
```

2.4.2 输出函数

print( )函数的功能是完成基本的输出操作，其语法格式如下：

```
print(输出项1,输出项2,…,sep=' ',end='\n')
```

根据给出的参数不同，print( )函数在实际应用中分为以下几种情况。

1）包含多个参数时，参数之间默认用逗号分隔。

2）可以指定输出分隔符，使用 sep 参数指定特定符号作为输出对象的分隔符。

3）可以指定输出结尾符号，使用 end 参数指定输出的结尾符号，默认时以换行符作为输出结尾符号。

4）print( )函数如果没有任何参数，则输出一个空行。

例 2-14 print( )函数的应用示例。

```
>>> x,y,z=1,2,3
>>> print(x,y,z)
1 2 3
>>> print(x,y,z,sep="*")
1*2*3
>>> print(x,y,z,end="%")
1 2 3%
```

2.4.3 格式化输出

在实际应用中通常需要将数据按照一定的格式输出，可以使用 format( )方法来实现，其语法格式如下：

```
<模板字符串>.format(< 逗号分隔的参数>)
```

其中，模板字符串由字符串和花括号“{}”表示的占位符组成，用来控制字符串和变量的显示效果。不在花括号内的字符串会原样显示到输出结果中。这些花括号“{}”表示的占位符用来接收 format( )方法中的参数。占位符“{}”与 format( )方法中的参数对应关系一般有以下两种情况。

1）使用参数位置匹配。在模板字符串中，如果占位符“{}”为空，即没有表示顺序的序号出现，则按照参数出现的先后次序自动匹配。

2）使用参数序号匹配。format( )方法中的参数可以从 0 开始依次进行编号，在模板字符串中，如果在占位符“{}”中指定参数的序号，则按照序号对应的参数进行匹配。

例 2-15 模板字符串与 format( )方法中的参数关系。

```
>>> print("My {} loves my {}".format("mum","dad"))
My mum loves my dad
>>> print("My {1} loves my {0}".format("mum","dad"))
My dad loves my mum
```

模板字符串的占位符“{}”中除了可以添加参数，还可以添加模板字符串的格式控制标记，其语法格式如下：

```
{< 逗号分隔的参数>:[格式控制标记]}
```

格式控制标记包括[填充]、[对齐]、[宽度]、[,]、[精度]、[类型]等格式信息，这些参数都是可选的，各参数的含义如下。

1）填充：可选参数，指定空白处填充的字符。

2）对齐：可选参数，指定控制对齐方式，配合宽度参数使用。对齐参数的取值如下。

① <：内容左对齐。

② >：内容右对齐（默认）。

③ ^：内容居中对齐。

3）宽度：可选参数，指定输出字符所占的宽度。

4）逗号（,）：可选参数，为数字添加千分位分隔符。

5）精度：可选参数，指定小数位的精度。

6）类型：可选参数，指定格式化类型。

整数常用的格式化类型包括以下几种。

① b：可以将十进制整数自动转换成二进制数表示，然后格式化输出。

② c：可以将十进制整数自动转换为其对应的 Unicode 字符。

③ d：十进制整数。

④ o：可以将十进制整数自动转换成八进制数表示，然后格式化输出。

⑤ x：可以将十进制整数自动转换成十六进制数表示，然后格式化输出。

浮点数常用的格式化类型包括以下几种。

① f：可以转换为浮点型（默认小数点后保留 6 位）表示，然后格式化输出。

② %：输出浮点数的百分比形式。

例 2-16 使用 format( )方法格式化字符串。

```
>>> print('{}'.format('新年快乐'))
新年快乐
>>> print('{:*>12}'.format('新年快乐'))     #宽度 12 位，右对齐
```

```
********新年快乐
>>> print('{:*<12}'.format('新年快乐'))      #宽度 12 位，左对齐
新年快乐********
>>> print('{:*^12}'.format('新年快乐'))      #宽度 12 位，居中对齐
****新年快乐****
>>> print('{:.2f}'.format(3.1415))
3.14
>>> print('{:.2%}'.format(0.98))
98.00%
```

例 2-17 编写程序，输出自己的个人信息（如样例所示）。

输出样例：

```
********个人信息********
姓名：张三
学号：202030308888
院系：中医学院
专业：中医骨伤
期望成绩：90
```

程序如下：

```
xm=input("请输入姓名：")
xh=input("请输入学号：")
yx=input("请输入院系：")
zy=input("请输入专业：")
cj=eval(input("请输入期望成绩："))
print('{:*^20}'.format('个人信息'))
print('''姓名：{}\n 学号：{}\n 院系：{}\n
      专业：{}\n 期望成绩：{}'''.format(xm,xh,yx,zy,cj))
```

2.5 Python 的内置函数

内置函数是程序设计语言中已经预先定义的一组函数，内置函数在编程时可以直接使用而不需要引用库，在程序执行时可以自动加载运行。Python 提供了很多内置函数，通过调用这些函数，可以有效地提高程序的编写和执行效率。下面介绍部分常用内置函数的功能和使用方法。

2.5.1 数学运算函数

下面是 Python 语言提供的一些数学运算内置函数。

1. abs(x)函数

功能：求绝对值，返回数值 x 的绝对值。如果 x 为正数，函数值为 x，否则函数值为 x 的相反数。

例如：

```
>>> abs(0.56)
0.56
>>> abs(-78)
78
```

2. pow(x,y)函数

功能：幂运算，返回数值 x 的 y 次幂的值，即 pow(x,y)=x**y。

例如：

```
>>> pow(2,10)
1024
>>> pow(2,-2)
0.25
```

3. round(x,n)函数

功能：四舍五入运算。参数 n 可以省略，如果参数 n 的值是大于或等于 1 的正整数，则将 x 四舍五入后保留到小数点后面第 n 位。如果参数 n 的值为 0，则保留到 x 的个位；如果 n=-1,-2,-3，则保留 x 到十位、百位、千位；以此类推。

例如：

```
>>> round(45.23,2)
45.23
>>> round(45.23,0)
45.0
>>> round(45.23,-1)
50.0
```

有时也会有例外，如下面程序代码所示。

```
>>> round(4.5)
4
```

```
>>> round(4.500001)
5
>>> round(5.5)
6
```

在 Python 语言中，针对四舍五入取舍为“5”这个数时还要遵循银行家算法进行考虑，即数字“5”的后面非 0 就进“1”，因此 round(4.500001)=5；如果数字“5”的后面为 0，还要看数字“5”前面的数是奇数还是偶数。如果是偶数应该舍去，如 round(4.5)=4；如果是奇数，结果要向前进“1”，如 round(5.5)=6。

4. min( )函数

功能：求最小值，在众多同类可比较的数据中取最小值。

例如：

```
>>> min(1,2,6,8)
1
>>> min("python")
'h'
```

5. max( )函数

功能：求最大值，在众多同类可比较的数据中取最大值。

例如：

```
>>> max(1,2,6,8)
8
>>> max("python")
'y'
```

2.5.2 其他常用内置函数

下面介绍 Python 语言中其他几个常用的内置函数。

1. type( )函数

功能：对象类型测试，返回参数所对应的数据类型。它并非字符串处理函数，通常用于调试程序或查看操作结果。返回结果中，int 表示整型数据；float 表示浮点型数据；str 表示字符型数据；complex 表示复数型数据。

例如：

```
>>> type(3)
```

```
<class 'int'>
>>> type('123')
<class 'str'>
```

2. len(x)函数

功能：对象长度测试，通常用于求字符串 x 的长度。
例如：

```
>>> len('monday')
6
>>> len('你好')
2
```

3. str(x)函数

功能：字符串类型转换，可以将任意类型的 x 转换成字符型数据。
例如：

```
>>> str(1010)
'1010'
>>> str(2.13)
'2.13'
```

4. int(x)函数

功能：整型转换，可以将任意类型的 x 转换成整型数据。
例如：

```
>>> int(10.01)
10
>>> int("10")
10
```

5. float(x)函数

功能：浮点型转换，可以将任意类型的 x 转换成浮点型数据。
例如：

```
>>> float(10)
10.0
>>> float('123.456')
123.456
```

6. ord(x)函数

功能：Unicode 编码转换，返回单字符 x 对应的 Unicode 编码。
例如：

```
>>> ord('a')
97
>>> ord('和')
21644
```

7. chr(x)函数

功能：Unicode 字符转换，返回 Unicode 编码 x 对应的单字符。
例如：

```
>>> chr(65)
'A'
>>> chr(97)
'a'
```

8. bin(x)函数

功能：二进制转换运算，可以将整数 x 转换成对应的二进制字符串。
例如：

```
>>> bin(100)
'0b1100100'
>>> bin(255)
'0b11111111'
```

2.6 Python 的标准库

Python 语言的标准库是 Python 语言的重要组成部分，它随 Python 解释器一起安装在系统中。Python 语言的标准库中包含很多模块，本节介绍一些常用模块的使用。

模块是一个包含语句、函数及类定义的程序文件，因此用户编写程序的过程也就是编写模块的过程。模块往往体现为多个函数或类的组合，使用模块具有以下优点。

1）提高代码的可维护性。在系统开发过程中，合理划分程序模块，可以很好地实现程序功能的定义，同时也有利于程序代码的维护。

2）提高代码的可重用性。模块是按功能划分的程序，编写好的 Python 语言程序以模块的形式保存，可以方便其他程序使用。

2.6.1 导入模块

应用程序要调用一个模块中的函数，需要先导入该模块。导入模块的语法格式一般有以下两种。

格式 1：

```
import 模块名 [as 别名]
```

import 语句用于导入整个模块。如果不使用 as 选项，模块导入后，在使用模块中的函数时需要通过模块名来调用。如果使用 as 选项，则为导入的模块指定一个别名。模块导入后，在使用模块中的函数时需要通过模块名或模块的别名来调用。

格式 2：

```
from 模块名 import *
```

使用 from 语句导入的对象和函数可以在程序中直接使用，不需要再通过模块名来指明对象所属的模块。

例 2-18 使用 import 语句导入模块。

```
>>> import math                          #math 是 Python 内置模块
>>> math.sqrt(9)
3.0
>>> import math as m
>>> m.sqrt(9)
3.0
>>> from math import *
>>> sqrt(25)
5.0
```

2.6.2 math 库

math 库是 Python 语言内置的数学函数库，提供支持整数和浮点数运算的函数。math 库分为数值运算函数、幂函数、三角函数、对数函数等类型。

math 库中的函数数量较多，本节仅以 math 库中的部分常用函数（表 2-5）为例说明 math 库的应用。

表 2-5 math 库中的部分常用函数

函数	说明	示例
math.e	自然常数 e	>>> math.e 2.718281828459045
math.pi	圆周率π	>>> math.pi 3.141592653589793
math.degrees(x)	弧度转换为度	>>> math.degrees(math.pi) 180.0
math.radians(x)	度转换为弧度	>>> math.radians(45) 0.7853981633974483
math.exp(x)	返回 e 的 x 次方	>>> math.exp(2) 7.38905609893065
math.log10(x)	返回 x 的以 10 为底的对数	>>> math.log10(2) 0.30102999566398114
math.pow(x,y)	返回 x 的 y 次方	>>> math.pow(5,3) 125.0
math.sqrt(x)	返回 x 的平方根	>>> math.sqrt(3) 1.7320508075688772
math.ceil(x)	返回不小于 x 的最小整数	>>> math.ceil(5.2) 6.0
math.floor(x)	返回不大于 x 的最大整数	>>> math.floor(5.8) 5.0
math.trunc(x)	返回 x 的整数部分	>>> math.trunc(5.8) 5
math.fmod(x,y)	返回 x%y(取余)	>>> math.fmod(5,2) 1.0

例 2-19 math 库函数的应用示例。

```
>>> import math
>>> math.pi
3.141592653589793
>>> math.e
2.718281828459045
>>> math.pow(2,3)
8.0
>>> math.sqrt(36)
6.0
>>> math.ceil(6.8)
7
```

```
>>> math.floor(6.8)
6
```

2.6.3 random 库

random 库主要提供产生各种伪随机数的函数。需要强调的是，random 模块生成的数字并不是真正的随机数。

表 2-6 列出了 random 库中常用的函数。random 库也需要先导入后使用。

表 2-6 random 库中常用的函数

函数	说明
random.random( )	返回[0.0,1.0）区间的一个浮点数
random.randint(a,b)	返回[a,b]区间的一个随机整数
random.choice(seq)	从非空序列 seq 中随机选取一个元素。如果 seq 为空，则报告 IndexError 异常
random.uniform(a,b)	返回[a,b]区间的一个浮点数。如果 a>b，则返回 b 到 a 之间的浮点数。结果可能包含 a 和 b
random.randrange(start, stop[,step])	返回[start,stop）区间的一个整数，参数 step 为步长，与 range(0,10,2)类似
random.shuffle(x[,random])	随机打乱可变序列 x 内元素的排列顺序
random. sample(seq,n)	从指定序列 seq 中随机获取 n 个参数，原有序列不会改变
random.seed(a=None)	初始化伪随机数生成器

例 2-20 random 库常用函数的应用示例。

```
>>> from random import *
>>> random()
0.5583152329411029
>>> randint(0,10)
9
>>> randrange(1,10,3)
7
>>> uniform(5,10)
5.329563258357117
>>> x=["ab","cd","ef"]
>>> choice(x)
'ef'
>>> sample(x,2)
```

```
['ef', 'ab']
>>> shuffle(x)
>>> x
['ef', 'ab', 'cd']
```

2.6.4 turtle 库

turtle 库是用于绘制图形的函数库。使用 turtle 库绘制图像是用一组函数指令控制画笔在一个平面坐标系中移动，从而绘制出图形。turtle 库需要先导入后才能使用。turtle 库包括画布设置、画笔设置和图形绘制 3 部分函数。

1. turtle 库的画布

画布就是 turtle 在屏幕上用于绘图的区域，可以使用 screensize( )函数设置它的大小和背景颜色。

1）screensize( )函数的功能是设置画布的大小和背景颜色，其语法格式如下：

```
screensize(width,height,bg)
```

其中，width 和 height 表示画布的宽度和高度，单位是像素。bg 表示画布的背景颜色。若未设置参数，则 screensize( )将生成一块宽度为 400 像素、高度为 300 像素的画布。

2）setup( )函数的功能是设置绘图窗口的大小和位置，其语法格式如下：

```
setup(width,height,top,left)
```

其中，width 和 height 表示绘图窗口的宽度和高度，单位是像素。top 和 left 表示窗口左边界和上边界与屏幕边界的距离。如果 top 和 left 值省略，则表示窗口位于屏幕中央。

例 2-21 turtle 库画布和绘图窗口的设置。

```
>>> from turtle import *
>>> screensize(600,600,"green")
>>> setup(300,300)
```

2. turtle 库的画笔

turtle 库的画布默认的坐标原点是画布中心，坐标原点上有一个朝 x 轴正方向的箭头，即画笔。turtle 库中的画笔可以通过一组函数来设置。

turtle 库的画笔控制函数如表 2-7 所示。

表 2-7　turtle 库的画笔控制函数

函数	功能
turtle.penup( )	提起画笔，移动画笔不绘制图形
turtle.pendown( )	放下画笔，移动画笔将绘制图形
turtle.pensize( )	设置画笔线条宽度，若为空，则返回当前画笔宽度
turtle.speed( )	设置画笔的速度，参数是[0,10]范围内的整数
turtle.pencolor(colorstring)	设置画笔颜色：colorstring 参数表示颜色的字符串，如"red"等；也可以是颜色对应的 RGB 数值。若无参数，则返回当前画笔颜色
turtle.goto(x,y)	画笔移动到坐标（x,y）位置
turtle.hideturtle( )	隐藏画笔箭头

例 2-22　turtle 库画笔的设置。

```
>>> from turtle import *
>>> pencolor("red")
>>> pensize(5)
>>> speed(8)
>>> hideturtle()
```

3. turtle 库的图形绘制

turtle 库通过一组函数完成图形绘制操作，这种绘制是通过控制画笔的行进动作来完成的。这些函数可实现画笔的前进后退、方向控制、颜色填充、写入文字等。

turtle 库的图形绘制函数如表 2-8 所示。

表 2-8　turtle 库的图形绘制函数

函数	功能
turtle. forward(distance)	控制画笔沿当前行进方向前进 distance 像素的距离，当值为负数时，表示向相反方向行进
turtle.seth(angle)	改变画笔绘制方向，angle 是绝对方向的角度值
turtle.left(angle)	向左旋转 angle 角度
turtle.right(angle)	向右旋转 angle 角度
turtle.circle(radius,extent)	根据半径 radius 绘制 extent 角度的弧形
turtle.fillcolor(colorstring)	设置图形填充颜色，参数表示颜色的字符串，如"red"等。也可以是颜色对应的 RGB 数值

续表

函数	功能
turtle.begin_fill( )	准备开始图形的颜色填充
turtle.end_fill( )	完成图形的颜色填充
turtle.write(string)	在画布上写入内容 string

例 2-23 turtle 库图形绘制函数的应用示例。

```
>>> from turtle import *
>>> fillcolor("blue")
>>> begin_fill()
>>> forward(200)
>>> left(120)
>>> forward(200)
>>> left(120)
>>> forward(200)
>>> end_fill()
```

例 2-24 编写程序，在 600×600 像素的蓝色画布上绘制一个红底黄边的等边三角形，边长为 200 像素，画笔尺寸为 2，如图 2-2 所示。

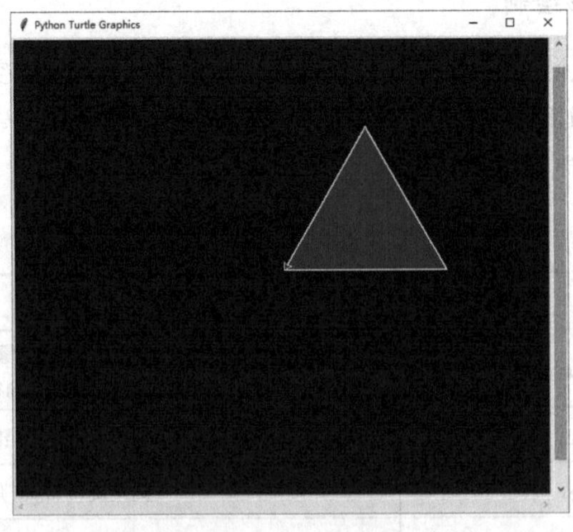

图 2-2 例 2-24 的等边三角形

程序如下：

```
import turtle
turtle.screensize(600,600,"blue")
```

```
turtle.pensize(2)
turtle.pencolor("yellow")
turtle.fillcolor("red")
turtle.begin_fill()
turtle.forward(200)
turtle.left(120)
turtle.forward(200)
turtle.left(120)
turtle.forward(200)
turtle.end_fill()
```

2.6.5 time 库

time 库是 Python 语言提供的处理时间标准库。用户通过 time 库可以获得或设置系统时间，并按照选择的格式进行输出。

在 Python 语言中，通常用以下 3 种方式来表示时间。

1）时间戳（timestamp）：时间戳是指格林威治时间 1970 年 01 月 01 日 00 时 00 分 00 秒（北京时间 1970 年 01 月 01 日 08 时 00 分 00 秒）起至现在的总秒数。时间戳是一个浮点数。

2）格式化的时间字符串（format string）：用一种易读的方式表示时间。

3）元组（struct_time）：struct_time 元组共有 9 个元素，如表 2-9 所示。

表 2-9 struct_time 元组的元素

参数名称	取值范围
tm_year	[MINYEAR,MAXYEAR]
tm_mon	[1,12]
tm_mday	[1,31]
tm_hour	[0,23]
tm_min	[0,59]
tm_sec	[0,59]
tm_wday	[0,6]
tm_yday	[0,365]
tm_isdst	是否夏令时，0 表示否，1 表示是，-1 表示未知

time 库的功能主要分为 3 个方面：时间处理、时间格式化和计时。

1. 时间处理函数

时间处理主要包括 3 个函数，即 time.time( )、time.gmtime( )和 time.localtime( )。

1）time.time( ) 函数的功能是获取当前时间的时间戳。该函数返回结果是一个浮点型的数值。

2）time.gmtime([secs]) 函数的功能是将一个时间戳转换为对应的 struct_time 对象。若未提供 secs 参数，则以当前时间为准。

3）time.localtime([secs]) 函数的功能是获取一个时间戳转换为对应本地时间的 struct_time 对象。若未提供 secs 参数，则以当前时间为准。

2. 时间格式化函数

时间格式化主要包括 3 个函数，即 time.mktime( )、time.strftime( )和 time.strptime( )。其中，strftime( )函数最为重要，strftime( )函数的功能是按用户需求来格式化输出日期和时间。其语法格式如下：

```
time.strftime(format[,t])
```

其中，参数 format 是格式字符串，格式化控制符如表 2-10 所示，可选的参数 t 是一个 struct_time 对象。

表 2-10　strftime( )函数的格式化控制符

格式化控制符	说明
%y	2 位数的年份表示（00～99）
%Y	4 位数的年份表示（0000～9999）
%m	月份（01～12）
%d	月中的某天（01～31）
%H	24 小时制小时数（00～23）
%M	分钟数（00～59）
%S	秒（00～59）
%a	本地简化的星期名称
%A	本地完整的星期名称
%b	本地简化的月份名称
%B	本地完整的月份名称
%p	本地 A.M.或 P.M.的等价符

3. 计时函数

计时函数主要包括 3 个函数，即 time.sleep( )函数、time.monotonic( )函数和 time.perf_counter( )函数，主要用于完成不同情况下的计时。

例 2-25 time 库常用函数的应用示例。

```
>>> import time
>>> t=time.localtime()
>>> t
time.struct_time(tm_year=2021, tm_mon=7, tm_mday=2, tm_hour=13,
tm_min=48, tm_sec=55, tm_wday=4, tm_yday=183, tm_isdst=0)
>>> time.strftime("%Y-%m-%d%H;%M;%S",t)
'2021-07-0213;48;55'
```

小　结

本章首先介绍了 Python 语言的标识符、关键字及数据和数据类型，Python 语言不要求在使用变量之前声明其数据类型，但数据类型决定了数据的存储和操作方式。然后介绍了 Python 语言的运算符及 Python 语言数据的输入和输出函数。最后介绍了 Python 语言的内置函数及标准库。

习　题

一、选择题

1. 下列选项中，不是 Python 合法变量名的是（　　）。

   A. name　　B. 成绩
   C. 3ab　　D. _abm

2. 下列选项中，可以作为 Python 标识符的是（　　）。

   A. get( )　　B. ab1
   C. my#v　　D. %pyth

3. Python 的输出函数为（　　）。

   A. input( )　　B. print( )
   C. math( )　　D. turtle( )

4．表达式 2+4/5 的值为（　　）。

A．2.8　　B．2

C. 2+4/5　　D．'2+4/5'

5．Python 表达式中，可以控制运算优先顺序的是（　　）。

A．圆括号( )　　B．方括号[]

C．大括号{}　　D．尖括号<>

6．下列语句中，（　　）在 Python 中是非法的。

A．x=y=z=1　　B．x=(y=z+1)

C．x,y=y,x　　D．x=y

7．Python 语句 print（0xA+0xB）的输出结果是（　　）。

A．0xA+0xB　　B．A+B

C．0xA-0xB　　D．21

8．下列运算符中，优先级最低的是（　　）。

A．and　　B．+

C．*=　　D．==

9．若字符串 s='a\nb\tc'，则 s 的长度是（　　）。

A．7　　B．6

C．5　　D．4

10．下列函数中，属于 math 库中的数学函数的是（　　）。

A．time( )　　B．round( )

C．sqrt( )　　D．random( )

二、填空题

1．Python 标准库 math 中用来计算平方根的函数为________。

2．在 Python 中，传统除法运算符是________。

3．已知 x=3 和 y=5，执行语句 x,y=y,x 后，x 的值是________。

4．Python 语句 print(1,2,3, sep=",")的输出结果是________。

5．使用 math 模块库中的函数，必须使用________语句导入模块。

第 3 章　Python 程序的流程控制

程序的工作方式是根据解决实际问题的需要，将一系列合法的语句按一定的逻辑结构编排成一个完整的应用程序，输入计算机内自动、连续地执行。本章主要介绍 Python 程序流程控制的结构特征及相应的结构语句。

3.1　程序的基本结构

Python 程序有顺序结构、分支结构和循环结构 3 种结构。算法领域的研究表明，无论多么复杂的算法都可以由这 3 种基本结构中的一种或几种组成。

3.1.1　程序流程图

程序流程图是用统一规定的标准符号描述程序运行具体步骤的图形表示。使用程序流程图表示程序的算法，流程清晰、易读易懂，在程序设计中被普遍使用。程序流程图的标准符号如图 3-1 所示。

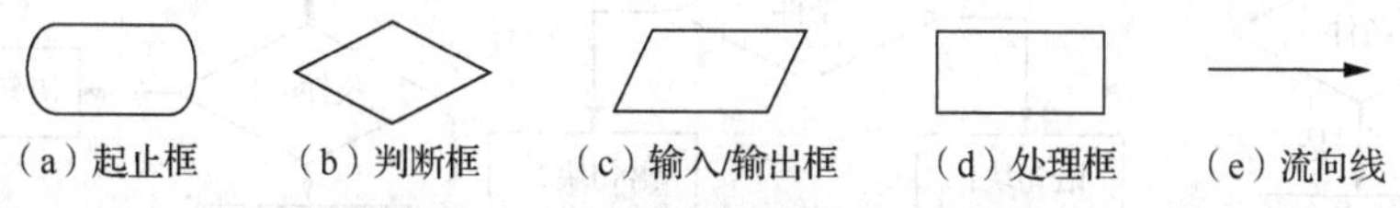

图 3-1　程序流程图的标准符号

起止框表示一个程序的开始或结束；判断框判断一个条件是否成立；输入/输出框表示数据的输入或输出；处理框表示一组处理过程；流向线指示程序的执行路径。

3.1.2　基本结构

结构化程序设计大致包括 3 种基本结构：顺序结构、分支结构和循环结构。

1. 顺序结构

顺序结构是 3 种结构中最简单的一种，语句按照书写的顺序依次执行。顺序结构流程图如图 3-2 所示。语句块 1 和语句块 2 是顺序执行的，即执行完语句块 1 所指定的操作后，紧接着执行语句 2 所指定的操作。

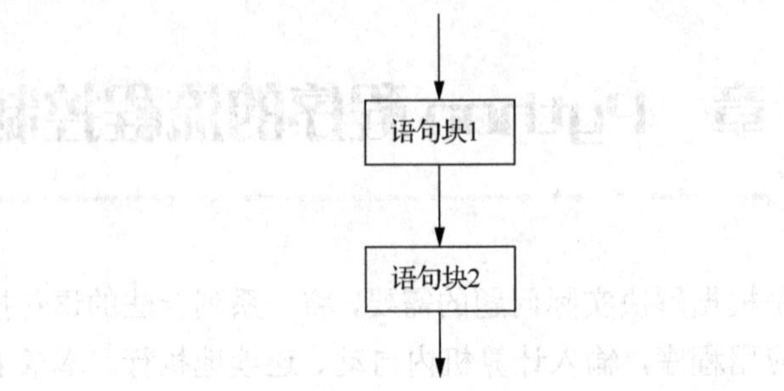

图 3-2　顺序结构流程图

2. 分支结构

分支结构又称为选择结构，它根据条件判断的结果选择不同的执行路径。分支结构分为单分支结构、选择分支结构和多分支结构，如图 3-3 所示。

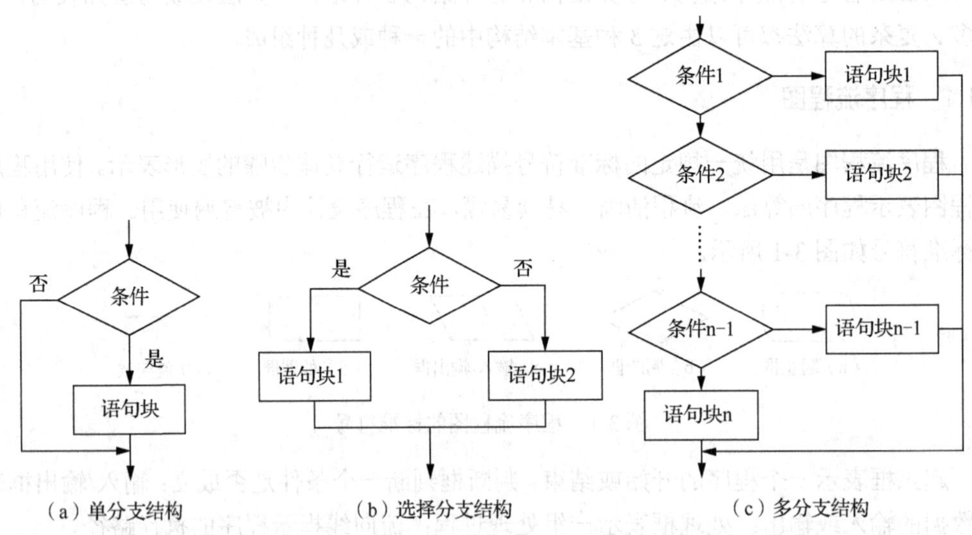

图 3-3　分支结构流程图

3. 循环结构

循环结构是根据判断结果反复执行一段语句的流程结构，循环结构流程图如图 3-4 所示。

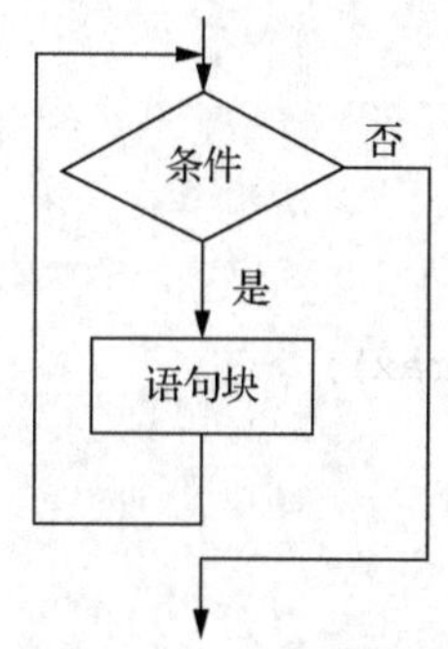

图 3-4 循环结构流程图

3.2 分支结构

分支结构是根据条件判断的结果控制不同分支执行的算法结构。Python 使用 if 语句来实现分支结构。分支语句中如果还包含分支结构，就形成了分支的嵌套结构。

1. 单分支结构：if 语句

语法格式如下：

```
if  <条件>:
    <语句块>
```

单分支结构流程图如图 3-3（a）所示。

条件用来判断程序的流程走向。条件可以是一个简单的数字或字符，也可以是包含多个运算符的复杂表达式。通常，条件为逻辑表达式。在程序的实际执行过程中，如果条件的取值为 True，则执行 if 分支的语句块，否则绕过 if 分支直接执行 if 语句块后面的其他语句。

例 3-1 输入 3 个整数 x、y、z，输出其中最大的数。

分析：采用“打擂台”法进行设计，设置一个最大值，所有的值依次与最大值进行比较。设置一个变量 max，先把 x 的值赋值给 max；将 max 和 y 进行比较，如果 y 的值大于 max，则把 y 的值赋值给 max；再将 max 和 z 的值进行比较，如果 z 的值大于 max，则把 z 的值赋值给 max。

程序如下：

```
x,y,z=eval(input("x,y,z="))
```

```
max=x
if y>max:
    max=y
if z>max:
    max=z
print("max={}".format(max))
```

程序的运行结果如下：

```
x,y,z=1,5,3
max=5
```

例 3-2 输入 3 个整数 x、y、z，按照从小到大的顺序输出。

分析：如果 x>y，x 和 y 对换，则 x 是 x、y 中的小者；如果 x>z，x 和 z 对换，则 x 是三者中的最小者；如果 y>z，y 和 z 对换，则 y 是三者中的次小者。输出 x、y、z 的值。

程序如下：

```
x=int(input("请输入 x: "))
y=int(input("请输入 y: "))
z=int(input("请输入 z: "))
if x>y:
    x,y=y,x
if x>z:
    x,z=z,x
if y>z:
    y,z=z,y
print("从小到大的数为{},{},{}".format(x,y,z))
```

程序的运行结果如下：

```
请输入 x: 3
请输入 y: 1
请输入 z: 5
从小到大的数为 1,3,5
```

2. 选择分支结构：if-else 语句

语法格式如下：

```
if <条件>:
    <语句块 1>
else:
    <语句块 2>
```

在程序的执行过程中，如果条件的取值为 True，则执行 if 分支的语句块 1，否则执行 else 分支的语句块 2。选择分支结构流程图如图 3-3（b）所示。

例 3-3 编写一个程序，判断某一年是否为闰年。

分析：闰年应符合下面两个条件之一。

1）能被 4 整除，但不能被 100 整除，如 2020。

2）能被 400 整除，如 2000。

程序如下：

```
year=int(input("请输入年份："))
if year%4==0 and year%100!=0 or year%400==0:
    print("是闰年")
else:
    print("不是闰年")
```

程序的运行结果如下：

```
请输入年份：2021
不是闰年
```

例 3-4 输入 x 和 y，将较大的值输出。

分析：输入 x 和 y，如果 x 大于或等于 y，将 x 赋值给变量 t，否则，将 y 赋值给变量 t。最后输出的 t 即为 x 和 y 中较大的值。

程序如下：

```
x=eval(input("请输入 x："))
y=eval(input("请输入 y："))
if x>=y:
    t=x
else:
    t=y
print("较大的值为{}".format(t))
```

程序的运行结果如下：

```
请输入 x：3
请输入 y：6
较大的值为 6
```

Python 中也可以使用条件表达式（三元运算符）来实现选择结构程序设计。条件表达式的常见形式如下：

```
x  if  <条件>  else  y
```

执行时先判断条件，若条件为 True，则返回 x；否则，返回 y。因此，例 3-4 程序中选择分支的代码也可写成：

```
t=x if x>=y else y
```

例 3-5 从键盘随机输入一个三位数整数，判断这个整数是否为水仙花数。

分析：水仙花数是一个三位数，它的各个位数的立方和等于该数本身。例如，153 是一个水仙花数，因为 $1^3+5^3+3^3=153$。水仙花数共有 4 个：153、370、371、407。首先，应分别求出这个三位数的个位、十位、百位上的数字，再判断其是否为水仙花数。输入的数为 num，num%10 的值为个位上的数，num%100//10 的值为十位上的数，num//100 的值为百位上的数。

程序如下：

```
num=int(input("请输入三位数:"))
if(num//100)**3+(num%100//10)**3+(num%10)**3==num:
    print("{}是水仙花数".format(num))
else:
    print("{}不是水仙花数".format(num))
```

程序的运行结果如下：

```
请输入三位数:153
153 是水仙花数
```

3. 多分支结构：if-elif-else 语句

多分支选择结构主要用于处理多个条件的情况，语法格式如下：

```
if  <条件 1>:
    <语句块 1>
elif  <条件 2>:
    <语句块 2>
⋮
else:
    <语句块 n>
```

实际问题中常常会遇到需要多个分支的选择，多个分支的选择可以使用嵌套的 if 语句来实现，也可以使用多分支结构来实现，多分支结构是选择分支结构的扩展。Python 依次寻找第一个结果为 True 的条件，执行该条件下的语句块，其他分支不再执行。如果所有条件均不成立，则执行 else 后面的语句块，else 子句是可选的。多分支结构流程图如图 3-3（c）所示。

例 3-6 随机产生一个 1～10 之间的随机整数，输入数字竞猜。如果猜中，提示“猜中了！”；如果猜大了，提示“太大了！”；否则，提示“太小了！”。

分析：利用 random 模块中的 randint( )函数随机产生一个整数，通过键盘输入一个整数与随机数进行比较，并输出判断结果。

程序如下：

```
import random
num=random.randint(1,10)
x=int(input("请输入 1-10 之间您猜测的数"))
if num==x:
    print("猜中了! ")
elif num>x:
    print("太大了! ")
else:
    print("太小了! ")
```

程序的运行结果如下：

```
请输入 1-10 之间您猜测的数 5
太小了!
```

例 3-7 输入学生的成绩，根据成绩输出相应的等级，大于等于 85 分为 A，大于等于 70 分且小于 85 分为 B，大于等于 60 分且小于 70 分为 C，小于 60 分为 D。

分析：学生的分数分为 4 个分数段，可以使用多分支结构设置 4 个分支，对分数进行判断，根据分数段成绩输出其等级。

程序如下：

```
score=int(input("请输入成绩: "))
if score>=85:
    print("grade is A")
elif score>=70:
    print("grade is B")
elif score>=60:
    print("grade is C")
else:
    print("grade is D")
```

程序的运行结果如下：

```
请输入成绩: 90
grade is A
```

4. 分支结构的嵌套

有的分支结构中又包含一个或多个分支结构，这称为分支结构的嵌套。Python 提供的 if 语句中还可以包括另外一个 if 语句，可以用它来实现嵌套的分支结构。

语法格式如下：

```
if  <条件 1>:
    if  <条件 2>:
        <语句块 1>
    else:
        <语句块 2>
else:
    if  <条件 3>:
        <语句块 3>
    else:
        <语句块 4>
```

例 3-8 分别使用分支结构的嵌套和多分支结构计算分段函数的值，函数定义如下。

$$f(x)=\begin{cases}1, & x>0\\ 0, & x=0\\ -1, & x<0\end{cases}$$

分支结构的嵌套程序如下：

```
x=eval(input("请输入数字："))
if x==0:
    f=0
else:
    if x>0:
        f=1
    else:
        f=-1
print("f(x)={}".format(f))
```

多分支结构的程序如下：

```
x=eval(input("请输入数字："))
if x==0:
    f=0
elif x>0:
    f=1
```

```
else:
    f=-1
print("f(x)={}".format(f))
```

程序的运行结果如下：

```
请输入数字:10
f(x)=1
```

本例中，使用分支结构的嵌套解决函数的计算方法还有很多，编写过程中要注意缩进。

例 3-9 设计一个登录程序，通过键盘输入用户名（此例为 group1）。如果用户名不正确，提示“请输入正确的用户名!”；当用户名正确时，提示“请输入密码:”，若密码输入正确则提示“验证成功!”，若密码输入错误则提示“密码错误!”。

分析：使用分支的嵌套可以完成，外层的 if 语句判断用户名，用户名错误，直接输出“请输入正确的用户名!”，不必输入密码；用户名正确，则输入密码并进入内层 if 语句判断密码，并且分别给予提示。

程序如下：

```
name=input("请输入用户名：")
if name=="group1":
    password=input("请输入密码：")
    if password=="666666":
        print("验证成功！")
    else:
        print("密码错误！")
else:
    print("请输入正确的用户名！")
```

输入正确的用户名和密码，则程序的运行结果如下：

```
请输入用户名：group1
请输入密码：666666
验证成功!
```

若输入错误的用户名，则程序的运行结果如下：

```
请输入用户名：group
请输入正确的用户名!
```

3.3 循 环 结 构

使用顺序结构和分支结构可以解决简单、不重复出现的问题，但在现实生活中许多问题是需要重复进行处理的，这就要用到循环结构。循环结构是在一定条件下，反复执行某段程序的控制结构。需要重复执行的程序块称为循环体。Python 中的循环结构包括 while 循环和 for 循环两种。

3.3.1 条件循环：while

程序有时需要根据初始条件进行循环判断，当条件不满足时，循环结束。这种循环结构可以用 while 语句实现，其语法格式如下：

```
while <条件>:
    <语句块>
```

while 语句用于在满足循环条件时重复执行某些操作，其中，语句块是循环体。while 语句的执行过程是先判断条件的值，若为 True，则执行循环体，循环体执行完毕后再转向条件；当条件的值仍为 True 时，继续执行循环体；当条件的值为 False 时，则跳出循环体，执行循环体外的语句。循环结构流程图如图 3-4 所示。

注意：

1）循环结构中的语句块有可能一次也不执行。

2）在循环体中，应有使循环趋于结束的语句；如果循环条件恒为 True，则循环永远不会结束，形成死循环。

例 3-10 求 1+2+3+…+100 的值。

分析：这是累加问题，需要先后将 100 个数相加，可用循环实现。定义变量 sum 用来存放累加的和，用 i 来表示加数，每次循环 sum 比上一次循环增加 i，i 比上一次循环增加 1；循环条件为当前循环 i 不超过 100。

程序如下：

```
sum,i=0,1
while i<=100:
    sum=sum+i
    i=i+1
print("sum=",sum)
```

程序的运行结果如下：

```
sum=5050
```

例 3-11 统计并输出 1～100 之间能够同时被 3 和 5 整除的数字及个数。

分析：使用循环实现；定义 count 用来存放符合条件的数字的个数；当循环变量 i 的值小于或等于 100 时，进入循环体。循环体中使用 if 语句对循环变量 i 进行判断，如果条件为 True，则输出当前的循环变量，同时 count 增加 1；然后循环变量 i 增加 1 并进入下一轮循环；循环结束后输出 count 的值。

程序如下：

```
count,i=0,1
while i<=100:
    if i%3==0 and i%5==0:
        print("能同时被 3 和 5 整除的数为",i)
        count+=1
    i=i+1
print("能同时被 3 和 5 整除的数的个数为",count)
```

程序的运行结果如下：

```
能同时被 3 和 5 整除的数为 15
能同时被 3 和 5 整除的数为 30
能同时被 3 和 5 整除的数为 45
能同时被 3 和 5 整除的数为 60
能同时被 3 和 5 整除的数为 75
能同时被 3 和 5 整除的数为 90
能同时被 3 和 5 整除的数的个数为 6
```

例 3-12 编写程序，利用公式计算 π 的值。当最后一项的绝对值小于 10^{-8} 时停止计算。

$$\frac{\pi}{4}=1-\frac{1}{3}+\frac{1}{5}-\frac{1}{7}+\cdots$$

分析：循环变量的初始值为 1；循环条件为循环变量的绝对值小于 10^{-8}；循环变量的变化规律是每项的分母比上一项增加 2，符号与上一项相反，设置变量 sign 用来实现符号的变化。

程序如下：

```
t=n=sign=1
y=0
```

```
while abs(t)>=1e-8:
    y=y+t
    sign=-sign
    n=n+2
    t=sign/n
y*=4
print("pi={:.15f}".format(y))
```

程序的运行结果如下：

```
pi=3.141592633590251
```

3.3.2 遍历循环：for

遍历循环——for 循环是 Python 语言中使用较广泛的一种循环，主要用于遍历一个序列，如一个字符串、一个列表或一个字典等。

1. for 循环结构

for 循环的语法格式如下：

```
for <循环变量> in <遍历结构>:
    <语句块>
```

for 循环的执行次数是根据遍历结构中元素的个数决定的。for 循环从遍历结构中逐一提取元素，放在循环变量中，对于遍历结构中的每个元素执行一次语句块。遍历结构可以是字符串、列表、文件或 range( )函数等。经常使用的遍历方式如下。

1）循环 n 次：

```
for i in range(n):
    <语句块>
```

内置函数 range( )用于生成一个整数列表，常用于 for 循环中。range( )函数的语法格式如下：

```
range([start,]end[,step])
```

其中，start 为序列的起始值，起始值可以省略，默认值为 0；end 为序列的终值，但不包括 end 的值；step 为步长，可以省略，默认值为 1。

例如：

```
for i in range(3):
    print(i)
```

程序的运行结果如下：

```
0
1
2
```

例如：

```
for i in range(1,9,2):
    print(i,end=" ")
```

程序的运行结果如下：

```
1 3 5 7
```

2）遍历字符串：

```
for c in string:
    <语句块>
```

例如：

```
for c in "sky ":
    print(c)
```

程序的运行结果如下：

```
s
k
y
```

3）遍历列表：

```
for item in list:
     <语句块>
```

例如：

```
for fruit in ["pear ","apple ","orange"]:
    print(fruit)
```

程序的运行结果如下：

```
pear
apple
orange
```

2．for 循环示例

例 3-13 使用 for 循环计算 1+2+3+…+100 的值。

分析：使用 range( )函数得到一个 1～100 的序列，依次添加到总和中。

程序如下：

```
sum=0
for i in range(1,101):
    sum+=i
print("sum=",sum)
```

程序的运行结果如下：

```
sum=5050
```

例 3-14 编写程序，随机产生 10 个两位整数，求出其中最小的数。

分析：可以采用“打擂台”法进行比较，先设置第一个产生的随机数为最小的数 min，之后进行 9 次循环。每次循环时，使用 random 模块中的 randint( )函数生成一个随机的两位整数。然后使用这个随机产生的两位整数与 min 进行比较，如果比 min 小，则替换掉 min 原来的值。经过 9 次比较，最终变量 min 中为 10 个整数中最小的数。

程序如下：

```
import random
print("产生的 10 个数：",end=" ")
min=random.randint(10,100)
print(min,end=" ")
for i in range(9):
    x=random.randint(10,100)
    print(x,end=" ")
    if x<min:
        min=x
print("\n 最小值：",min)
```

程序的运行结果如下：

```
产生的 10 个数：25 53 42 87 22 81 74 89 55 93
最小值： 22
```

例 3-15 输出一个 3 行的等腰三角形。

```
  *
 ***
*****
```

分析：图案一共有 3 行，每一行都由空格和星号组成；如果行号是 i，每行有 3-i 个空格，有 2*i-1 个星号。

程序如下：

```
for i in range(1,4):
    print(" "*(3-i),"*"*(2*i-1))
```

3.3.3 循环控制语句

1. break 语句

break 语句的作用是结束当前循环，不再执行循环体，执行循环之后的语句。当循环条件为 True 时，无法退出循环，可以在循环体内部加入 break 语句终止循环。

例 3-16 求 x、y 两个数的最大公约数。

【方法 1】

分析：使 y 为两个数中较小的数，则最大公约数必须在 1～y 的范围内；使用循环，使循环变量 i 从 y 变化到 1，如果 i 能够同时被 x 和 y 整除，则 i 是最大公约数，退出循环结构。

程序如下：

```
x=int(input("请输入第一个数："))
y=int(input("请输入第二个数："))
if x<y:
    x,y=y,x
for i in range(y,0,-1):
    if x%i==0 and y%i==0:
        print("最大公约数是：{}".format(i))
        break
```

程序的运行结果如下：

```
请输入第一个数：6
请输入第二个数：9
最大公约数是：3
```

【方法 2】

分析：可以使用古希腊数学家欧几里得提出的辗转相除法。它的具体做法是：用较大数除以较小数，再用出现的余数（第一余数）去除除数，再用出现的余数（第二余数）去除第一余数，如此反复，直到最后余数是 0 为止，最后的除数就是这两个数的最大公约数。计算 x 和 y 的余数 r，如果余数 r 不为 0，则以 y 和 r 作为新的 x 和 y，重复计算；如果余数 r 为 0，则 y 为 x 和 y 的最大公约数。

程序如下：

```
x=int(input("请输入第一个数："))
y=int(input("请输入第二个数："))
if x<y:
    x,y=y,x
r=x%y
while r>0:
    x,y=y,r
    r=x%y
print("最大公约数是：{}".format(y))
```

程序的运行结果如下：

```
请输入第一个数：6
请输入第二个数：9
最大公约数是：3
```

2. continue 语句

continue 语句必须用于循环结构中，它的作用是终止本轮循环，跳过本轮剩余的语句，直接进入下一轮循环。

例 3-17 求输入的 5 个数值中正数的个数，负数忽略。

程序如下：

```
count=0
for i in range(5):
    x=eval(input("请输入数值数据："))
    if x<=0:continue
    count+=1
print("正数个数是：",count)
```

程序的运行结果如下：

```
请输入数值数据：5
请输入数值数据：-9
请输入数值数据：-8
请输入数值数据：4
请输入数值数据：-4
正数个数是：2
```

3. 循环结构中的 else 语句

在 Python 中，for 循环、while 循环也可以使用 else 语句，以使程序的结构更灵活。

在循环中使用时，else 语句在循环正常结束后被执行，如果有 break 语句，也会跳过 else 语句块。

例 3-18 输入一个数，判断这个数是否为素数。

分析：素数是指除 1 和它本身外，不能被其他任何数整除的正整数。例如，11 是素数，因为它不能被 2～10 之间的任一整数整除。因此，判断一个整数 n 是否是素数，若 n 不能被 2～(n-1)范围内的任何一个数整除，则 n 就是一个素数；否则，n 就不是一个素数。如果循环过程中，n 被某一个数整除了，那么剩下的数则不需要再进行判断，可以使用 break 语句退出循环；如果循环中没有执行 break 语句，则会执行 else 语句。

程序如下：

```
n=int(input("请输入一个数："))
for i in range(2,n):
    if n%i==0:
        print("不是素数。")
        break
else:
    print("是素数。")
```

程序的运行结果如下：

```
请输入一个数：11
是素数。
```

例 3-19 随机产生一个 1～10 之间的随机整数，输入数字竞猜。如果猜中，提示“猜中了！”；如果猜大了，提示“太大了！”；如果猜小了，提示“太小了！”。给用户 3 次机会，如果 3 次均猜错，则提示“机会用完！”。

分析：利用 random 模块中的 randint( )函数随机产生一个整数，循环 3 次，每次循环从键盘输入一个整数与随机数进行比较，并输出判断结果；如果猜中了，则使用 break 语句结束当前循环；如果 3 次都没有猜中，则在 else 语句中进行“机会用完！”提示。

程序如下：

```
import random
num=random.randint(1,10)
for i in range(3):
    x=int(input("请输入 1-10 之间您猜测的数"))
    if x>num:
        print("太大了！")
    elif x<num:
        print("太小了！")
    else:
        print("猜中了！")
```

```
            break
    else:
        print("机会用完！")
```

程序的运行结果如下：

```
请输入 1-10 之间您猜测的数 5
太小了！
请输入 1-10 之间您猜测的数 6
太小了！
请输入 1-10 之间您猜测的数 8
猜中了！
```

说明：程序运行过程中，因为需要猜测的数为随机产生的数，数的大小不固定，因此程序运行结果可能不同。

3.3.4 循环的嵌套

若一个循环结构的循环体中包含一个或多个循环结构，则称为循环的嵌套，也称为多重循环。嵌套层数根据需要可以有多层。while 语句和 for 语句都可以嵌套自身语句结构，也可以互相嵌套。

例 3-20 计算 1!+2!+⋯+n!的值。

分析：可以使用双层循环嵌套的方式完成，外层循环变量从 1 变化到 n，内层循环计算当前值的阶乘值。

程序代码：

```
n=int(input("请输入 n 的值："))
sum=0
for i in range(1,n+1):
    t=1
    for j in range(1,i+1):
        t*=j
    sum+=t
print("n 阶乘的和为", sum)
```

程序的运行结果如下：

```
请输入 n 的值：5
n 阶乘的和为 153
```

程序还可以不使用循环嵌套来完成。程序代码：

```
n=int(input("请输入 n 的值："))
sum,t=0,1
```

```
for i in range(1,n+1):
    t*=i
    sum+=t
print("n 阶乘的和为", sum)
```

例 3-21 求 2～100 之间的全部素数及个数。

分析：例 3-18 可以判断一个数是否是素数，想要求出 2～100 之间的全部素数，可以在外层加一层循环，用于提供需要判断的数 2,3,…,100。

程序如下：

```
i=0
print("2-100 的全部素数有：")
for m in range(2,101):
    for n in range(2,m):
        if m%n==0:break
    else:
        print(m,end=" ")
        i+=1
        if i%15==0:print()
print("\n 共{}个素数".format(i))
```

程序的运行结果如下：

```
2-100 的全部素数有：
2  3  5  7  11  13  17  19  23  29  31  37  41  43  47
53  59  61  67  71  73  79  83  89  97
共 25 个素数
```

本程序中，外层循环用变量 m 来提供需要判断的数，内层循环判断 m 是否是素数，变量 i 用来控制每输出 15 个数换行。

小　结

本章内容包括程序设计的基本结构、分支结构、循环结构几部分内容。

结构化程序设计包括顺序结构、分支结构和循环结构 3 种流程。

Python 使用 if 语句来实现分支结构，使用 for 语句和 while 语句来实现循环结构。分支结构和循环结构都可以嵌套。

跳转语句包括 break 语句和 continue 语句。break 语句的作用是从循环体内部跳出；continue 语句的作用是跳过当前循环，进入下一轮循环。

本章内容是编写程序的基础，读者需要通过不断地书写和阅读程序来加强训练。

习　题

一、选择题

1．下列结构中，不是 Python 控制结构的是（　　）。

A．顺序结构　　B．分支结构

C．循环结构　　D．数据结构

2．下列关于分支结构的描述中，错误的是（　　）。

A．分支结构包括单分支结构、选择分支结构及多分支结构

B．单分支结构的书写形式为 if-else

C．多分支结构通常适用于判断一类条件或同一个条件的多个执行路径

D．使用多分支结构时需要注意多个逻辑条件的先后顺序，避免逻辑上的错误

3．下面关键字中，不属于 Python 分支结构的是（　　）。

A．if　　B．else

C．while　　D．elif

4．下列描述中，错误的是（　　）。

A．在 Python 中可以使用 if-elif-elif 结构来表示多分支结构

B．在 Python 中 elif 关键词可以用 else if 来等价替换

C．Python 中的 for 语句可以在任意序列上进行迭代访问，如列表、字符串和元组

D．while True 循环是一个永远不会自己停止的循环，可以在循环内部加入 break 语句，使内部条件得到满足时终止循环

5．可以终止执行循环体语句的是（　　）语句。

A．continue　　B．exit

C．break　　D．quit

6．以下关于 Python 循环结构的描述中，错误的是（　　）。

A．break 用来结束当前的循环语句，但不跳出当前的循环体

B．遍历循环中的遍历结构可以是字符串、文件、组合数据类型及 range( )函数等

C．Python 通过 for、while 等关键字构建循环结构

D．continue 只结束本次循环

7．下列语句中，不能完成 1～10 的累加功能（total 初值为 0）的是（　　）。

A．`for i in range(10,0):total+=i`

B．`for i in range(1,11):total+=i`

C．`for i in range(10,0,-1):total+=i`

D．`for i in range(10,9,8,7,6,5,4,3,2,1):total+=i`

8．执行下列程序，产生的结果是（　　）。

```
x=2;y=2.0
if(x==y):
    print("相等")
else:
    print("不相等")
```

A．相等

B．不相等

C．运行错误

D．死循环

9．下列代码的输出结果是（　　）。

```
for i in range(0,10,2):
  print(i,end=" ")
```

A．0 2 4 6 8

B．2 4 6 8

C．0 2 4 6 8 10

D．2 4 6 8 10

10．下列 while 循环执行的次数为（　　）。

```
k=10000
while k>1:
    print(k)
    k=k/2
```

A．12

B．13

C．14

D．15

二、填空题

1．Python 无穷循环 while True:的循环体中用________语句退出循环。

2．执行循环语句 for i in range(1,5):print(i)后，变量 i 的值为________。

3．执行循环语句 for i in range(1,5,2):print(i)，循环体执行的次数为________。

4．在循环语句中，________________语句的作用是提前进入下一次循环。

5．循环语句 for i in range(−3,31,4)的循环次数为________。

第4章 序列和字典

Python 中常见的数据结构统称为容器（container），可以分为序列（sequence）、集合（sets）、映射（mapping）3 类主要的容器。

1）序列类型：是元素向量，元素之间存在先后关系，序列中的每个元素都分配一个数字表示它的位置或索引，元素之间不排他，如字符串（string）、列表（list）和元组（tuple）都属于序列类型数据。

2）集合类型：是元素集合，元素之间无序，元素之间有排他性，即相同元素在集合中唯一存在。

3）映射类型：是“键-值”数据项的组合，元素之间是无序的。每个元素是一个键值对，表示为（key,value）。字典（dict）属于映射类型数据。

接下来，本章将针对字符串、列表、元组和字典进行详细讲解。

4.1 序列的通用操作

在 Python 中，最基本的数据结构是序列，所有的序列都可以进行一些特定的操作，常用的有索引、切片、加、乘等，还有计算序列长度、求最大值和最小值等内置函数，如表 4-1 所示。这些操作符和方法是学习列表和元组的基础。其中，s 和 t 是序列，x 是引用序列元素的变量，i、j、k 是序列的索引。

表 4-1 序列类型的常用操作符和方法

操作符和方法	功能描述
x in s	如果 x 是 s 的元素，则返回 True，否则返回 False
x not in s	如果 x 不是 s 的元素，则返回 True，否则返回 False
s+t	返回 s 和 t 的连接
s*n	将序列 s 复制 n 次
s[i]	索引，返回序列的第 i 个元素
s[i:j]	分片，返回包含序列 s 第 i～j 个元素的子序列（不包含第 j 个元素）
s[i:j:k]	返回包含序列 s 第 i～j 个元素以 k 为步长的子序列

续表

操作符和方法	功能描述
len(s)	返回序列 s 的元素个数（长度）
min(s)	返回序列 s 中的最小元素
max(s)	返回序列 s 中的最大元素
s.count(x)	序列 s 中出现 x 的总次数

1. 索引与切片

序列中的每一个元素都有自己的位置编号（也称为下标或索引），可以通过索引来读取数据。如图 4-1 所示最开始的第一个元素，索引为 0，第二个元素，索引为 1，以此类推；也可以从最后一个元素开始计数，最后一个元素的索引是-1，倒数第二个元素的索引就是-2，以此类推。

序列	H	i		P	y	t	h	o	n
索引	0	1	2	3	4	5	6	7	8
索引	-9	-8	-7	-6	-5	-4	-3	-2	-1

图 4-1　序列元素对应的索引

索引一次只能取出一个元素，切片就是一次取出多个元素，得到一个新序列。切片的基本格式如下：

```
序列名[左边界：右边界：步长]
```

其中，左边界、步长均可以省略，步长默认为 1。切片操作的结果包括左边界，不包括右边界。

下面以字符串为例，讲解索引与切片操作。

1）索引：获取字符串中的单个字符。

```
>>> s="Hi Python"
>>> s[0]
'H'
>>> s[-2]
'o'
```

上面的示例中 s[0]的意思是，获取字符串 s 中正向递增的第 0 个字符；s[-2]的意思是，获取字符串 s 中反向递减的第 2 个字符。

2）切片：获取字符串中的一段字符或一个字符的子串。

```
>>> s[1:6]
'i Pyt'
```

上面的示例中[1:6]的意思是，提取第 1 个字符到第 5 个字符（不包括第 6 个字符）。

```
>>> s[1:]
'i Python'
```

上面的示例中[1:]的意思是，提取从第 1 个字符开始到字符串结束。

```
>>> s[:5]
'Hi Py'
```

上面的示例中[:5]的意思是，提取从第 0 个字符开始到第 4 个字符结束。

```
>>> s[-2:]
'on'
```

上面的示例中[−2:]的意思是，提取从反向第 2 个字符开始到字符串结束。

```
>>> s[:]
'Hi Python'
```

上面的示例中省略了左边界和右边界，[:]的意思是，提取从开始到结束的所有字符。

```
>>> s[1:5:2]
'iP'
```

上面的示例中[1:5:2]的意思是，提取从第 1 个字符到第 4 个字符、步长值为 2 间隔的元素，也就是提取第 1、3 个字符的元素。

```
>>> s[::2]
'H yhn'
```

上面的示例中[::2]的意思是，提取从开始到结束、步长值为 2 间隔的元素，也就是提取第 0、2、4、6、8 个字符的元素。

```
>>> s[::-1]
'nohtyP iH'
```

上面的示例中[::−1]的意思是，从开始到结束反向提取、步长值为 1 间隔的元素，也就是将字符串反转。

```
>>> s[-1:-3]
''
```

上面的示例中[−1:−3]中左边界的值大于右边界的值，且步长值缺省，其值为默认值 1，因此提取到空字符串。

2. 加法与乘法

序列也可以相加，但要注意，这里的相加，并不是相对应的序列元素值相加，而是序列首尾连接。字符串属于字符序列，字符串相加就是字符连接。

```
>>> s1="Hello,"
>>> s2="Python"
>>> s1+s2
'Hello,Python'
```

如果用数字 n 乘以一个序列会生成一个新的序列，而在新的序列中，原来的序列将被重复 n 次。

```
>>> 3*s1
'Hello,Hello,Hello,'
>>> 2*s2
'PythonPython'
```

3. 常用函数

序列的常用内置函数主要有 len( )、min( )、max( )、sum( )等。

序列常用函数示例如下。

1）len( )函数返回序列中元素的个数，适用于字符串、列表、元组、字典、集合。

```
>>> x=(1,2,3,4,5)
>>> len(x)
5
>>> s="Python"
>>> len(s)
6
```

2）min( )函数返回序列中元素的最小值，适用于字符串、列表、元组、字典、集合、range 对象。

```
>>> min(x)
1
>>> min(s)
'P'
```

3）max( )函数返回序列中元素的最大值，适用于字符串、列表、元组、字典、集合、range 对象。

```
>>> max(x)
5
```

```
>>> max(s)
'y'
```

4）sum( )函数对序列进行求和操作，适用于列表、元组和 range 对象。

```
>>> sum(x)
15
```

对字符串使用 sum( )函数，会抛出异常 TypeError。

```
>>> sum(s)
Traceback(most recent call last):
  File "<pyshell#26>", line 1, in <module>
    sum(s)
TypeError: unsupported operand type(s) for +: 'int' and 'str'
```

4.2 字 符 串

字符串是 Python 中最常用的数据类型，字符串常量是用单引号、双引号或三引号括起来的若干个字符，字符串变量是用来存放字符串常量的变量。字符串支持很多函数和方法，通过这些方法可以实现很多功能。字符串对象是不可变序列，也就是说创建一个新字符串后，不能把这个字符串的某一部分改变。任何修改字符串的方法被调用后，都会返回一个新的字符串，原字符串并没有变化。

4.2.1 字符串常用方法

1. 大小写转换

s.upper( )：将字符串的全部内容转换为大写字母。

s.lower( )：将字符串的全部内容转换为小写字母。

s.capitalize( )：返回一个首字母大写的字符串的副本。

s.title( )：将字符串中所有单词的首字母大写，其余部分小写，类似于文章标题的形式。

s.swapcase( )：字母大小写互换。

使用示例如下：

```
>>> s="Python"
>>> s.upper()
'PYTHON'
>>> s.lower()
```

```
'python'
>>> s.swapcase()
'pYTHON'
>>> s="hi python"
>>> s.capitalize()
'Hi python'
>>> s.title()
'Hi Python'
```

2. 去空格

s.strip( )：用于删除字符串前后的空格或指定字符，返回新字符串的一个副本。

在 Python 中，空格的概念比较宽泛，包括常规的空格、制表符和换行符。strip( )方法的调用格式如下：

```
string.strip([char])
```

其中，参数 char 是要删除的字符，如果缺省表示删除的是空格。strip( )的返回值是删除指定字符后的字符串，删除后不会影响原来的字符串。strip( )可以从开头删除，也可以从末尾开始删除，因此 strip( )又可分为两个类似的方法，rstrip( )表示从字符串右侧删除，lstrip( )表示从字符串开头删除。

使用示例如下：

```
>>> s="  Hi Python  "
>>> s.strip()
'Hi Python'
>>> s.lstrip()
'Hi Python  '
>>> s.rstrip()
'  Hi Python'
>>> s="--Hi-Python--"
>>> s.strip('-')
'Hi-Python'
```

3. 查找和替换

1）s. count('x')：查找某个字符在字符串中出现的次数。使用示例如下：

```
>>> s="Python Program"
>>> s.count("P")
2
```

2）s.find("x")和 s.rfind("x")：查找指定字符串的方法，用于在一个字符串中检索是否包含一个子字符串。find( )检索的方向是从左向右，rfind( )函数检索的方向是从右向左。这两种方法当找到指定的字符串时返回子字符串的位置，即第一个字符的位置索引；如果找不到，则返回-1。

其格式如下：

```
s.find(sub[,start][,end])
```

其中，参数 sub 是要检索的子字符串；参数 start 为开始索引，默认为 0；参数 end 为结束索引，默认为字符串的长度。

例如：

```
>>> s="peach,banana,peach,pear"
>>> s.find('pea')
0
>>> s.find('pea',15)
19
>>> s.rfind('pea')
19
>>> s.find('pea',5,12)
-1
```

3）s.index('x')：查找指定字符串的方法。index( )也是找到指定字符串，并返回其下标，有多个重复值时返回第一个字符串的下标；但是与 find( )不同的是，找不到字符则抛出异常。

```
>>> s="Python Program"
>>> s.index("p")
Traceback(most recent call last):
  File "<pyshell#55>", line 1, in <module>
    s.index("p")
ValueError: substring not found
```

4）s.replace('x')：字符串替换方法。replace( )方法把字符串中的旧字符串替换为新字符串，如果指定第三个参数 max，则替换不超过 max 次。

例如：

```
>>> s="苹果，苹果"
>>> s2=s.replace("苹果","香蕉")
>>> s2
'香蕉，香蕉'
>>> s3=s.replace('苹果',"香蕉",1)
>>> s3
'香蕉，苹果'
```

4. 类型测试

1）s.isalnum( )：若全是字母和数字，并至少有一个字符，则返回 True，否则返回 False。

2）s.isalpha( )：若全是字母，并至少有一个字符，则返回 True，否则返回 False。

3）s.isdigit( )：若全是数字，并至少有一个字符，则返回 True，否则返回 False。

4）s.isspace( )：若全是空白字符，并至少有一个字符，则返回 True，否则返回 False。

5）s.islower( )：若全是小写形式，则返回 True，否则返回 False。

6）s.isupper( )：若全是大写形式，则返回 True，否则返回 False。

7）s.istitle( )：若是首字母大写，则返回 True，否则返回 False。

使用示例如下：

```
>>> s="Python 123"
>>> s.isalnum()
False
>>> s="Python123"
>>> s.isalnum()
True
>>> s.istitle()
True
```

5. 分隔与连接

1）分隔字符串方法 split( )。split( )是按指定字符串将字符串分隔成若干个子串，因此 split( )的返回结果是一个列表。split( )的调用格式如下：

```
split(sep, [maxsplit])
```

其中，参数 sep 是指定的字符串分隔符，如果分隔符缺省，则表示所有的空字符［包括空格、换行（\n）、制表符（\t）等］作为分隔符；maxsplit 参数表示分隔次数，默认为 -1，即分隔所有子串。split( )最常见的就是对英文文本的词汇分隔。

使用示例如下：

```
>>> s="Python \nProgram \nDesign"
>>> s.split()
['Python', 'Program', 'Design']
>>> s.split(' ')
['Python', '\nProgram', '\nDesign']
>>> s.split(' ',1)
['Python', '\nProgram \nDesign']
```

上面的示例中，maxsplit 参数值为 1，所以就分隔了 1 次。

2）组合字符串方法 join( )。join( )方法和 split( )方法是一对相反的操作，以指定的字符串（分隔符）连接生成一个新的字符串，调用格式如下：

```
sep.join(seq)
```

表示以 sep 作为分隔符连接指定的字符串 seq，返回组合后的新字符串。

使用示例如下：

```
>>> s="Python"
>>> " ".join(s)
'P y t h o n'
>>> ",".join(s)
'P,y,t,h,o,n'
```

4.2.2 字符串程序实例

例 4-1 输入一行字符，请判断这句话是不是回文。回文是指正读、倒读都相同的句子，如“abba”“黄山落叶松叶落山黄”等。

分析：本例的关键是倒序排列字符串，使用字符串的切片处理这类问题非常方便。

程序如下：

```
s=input("请输入一行字符：")
if s==s[::-1]:
    print("该句是回文。")
else:
    print("该句不是回文。")
```

程序的运行结果如下：

```
请输入一行字符：黄山落叶松叶落山黄
该句是回文。
```

例 4-2 从键盘输入几个数字，使用逗号分隔，求这些数字之和。

分析：使用 split( )方法可以分离字符，字符转换为数字可以使用 float( )方法，累加使用循环实现。

程序如下：

```
s=input("输入几个数字，用逗号分隔:")
d=s.split(",")
print(d)
sum=0
for x in d:
    sum+=float(x)
print("sum=",sum)
```

程序的运行结果如下：

```
输入几个数字，用逗号分隔:13,22,4,1.4
['13', '22', '4', '1.4']
sum=40.4
```

4.3 列　　表

列表是一种重要的内置数据类型，是一种元素的有序序列。Python 对列表数据类型中的所有成员按序编号，称为索引，从而实现对成员的访问和修改。列表也是可变序列，它的长度和内容都是可变的，可自由对列表中的数据项进行增加、删除或替换。列表没有长度限制，元素类型可以不同，使用非常灵活。

4.3.1 列表的常用操作

除了使用序列操作符操作列表，列表还有特有的方法，如表 4-2 所示。其主要功能是完成列表元素的增加、删除、修改、查找，其中 ls、lst 为两个列表，x 是列表中的元素，i 和 j 是列表的索引。

表 4-2 列表的常用操作符和方法

操作符和方法	功能描述
ls[i]=x	将列表 ls 的第 i 项元素替换为 x
ls[i:j]=lst	用列表 lst 替换列表 ls 中第 i～j 项元素（不含第 j 项）
ls[i:j:k]=lst	用列表 lst 替换列表 ls 中第 i～j 项以 k 为步长的元素（不含第 j 项）
del ls[i:j]	删除列表 ls 的第 i～j 项元素
del ls[i:j:k]	删除列表 ls 的第 i～j 项以 k 为步长的元素
ls+=lst 或 ls.extend(lst)	将列表 lst 的元素追加到列表 ls 中
ls*=n	更新列表 ls，其元素重复 n 次
ls.append(x)	在列表 ls 的最后增加一个元素 x
ls.clear( )	清除列表 ls
ls.copy( )	复制生成一个包括 ls 中所有元素的新列表
ls.insert(i,x)	在列表 ls 的第 i 个位置增加元素 x
ls.pop(i)	返回列表 ls 中的第 i 项元素并删除该元素
ls.remove(x)	删除列表 ls 中出现的第一个 x 元素
ls.reverse(x)	反转列表 ls 中的元素
ls.sort( )	排序列表 ls 中的元素

1. 创建列表

列表用中括号[]表示，元素间用逗号分隔。也可以通过 list( )函数将元组或字符串转化成列表。直接使用 list( )函数会返回一个空列表。例如：

```
>>> list1=["a","b","c",1,2,3,["Python","123"]]
>>> list1
['a', 'b', 'c', 1, 2, 3, ['Python', '123']]
>>> list2=[]
>>> list2
[]
>>> list("Python")
['P', 'y', 't', 'h', 'o', 'n']
>>> list()
[]
```

2. 访问列表

表使用索引来访问列表中的值，索引不能越界，否则将抛出异常 IndexError。例如：

```
>>> list1=[1,2,3]
>>> list1[0]
1
>>> list1[3]
Traceback(most recent call last):
  File "<pyshell#9>", line 1, in <module>
    list1[3]
IndexError: list index out of range
```

3. 替换元素

列表是可变的，使用赋值语句可以改变列表元素的值。例如：

```
>>> list1=[1,2,[1,2]]
>>> list1[2]=3
>>> list1
[1, 2, 3]
```

4. 列表切片

列表切片与前述字符串切片的使用方法相同。例如：

```
>>> list1=[1,2,3,4]
>>> list1[1:3]
```

```
[2, 3]
>>> list1[1:-1]
[2, 3]
>>> list1[::-1]
[4, 3, 2, 1]
>>> list1[::2]
[1, 3]
```

5. 增加元素

方法 1：使用“+”将一个新列表附加在原列表的尾部。

例如：

```
>>> list1=[1]
>>> list1=list1+['a']
>>> list1
[1, 'a']
```

方法 2：使用 append( )方法向列表的尾部添加一个新元素。append( )方法是将参数视为元素，作为一个整体添加到列表中。

例如，接着前面继续输入：

```
>>> list1.append(["b","c"])
>>> list1
[1, 'a', ['b', 'c']]
```

方法 3：使用 extend( )方法将一个列表添加到原列表的尾部。extend( )方法是将参数视为一个列表，把这两个列表接到一起。

例如，继续输入：

```
>>> list1.extend(['d',5])
>>> list1
[1, 'a', ['b', 'c'], 'd', 5]
```

方法 4：使用 insert( )方法将一个元素插入列表的指定位置。该方法有两个参数，第一个参数为插入的位置，第二个参数为插入的元素。

例如：

```
>>> list1.insert(0,'x')
>>> list1
['x', 1, 'a', ['b', 'c'], 'd', 5]
```

6. 删除元素

方法 1：使用 del 语句删除某个特定的元素。

```
>>> list1=['x','y','z']
>>> del list1[1]
>>> list1
['x', 'z']
```

方法 2：使用 remove( )方法删除某个特定的元素。remove("x")从 list 中移除最左边出现的数据项 x，如果找不到 x 就会抛出异常 ValueError。

```
>>> list1=['x','y','z','x']
>>> list1.remove('x')
>>> list1
['y', 'z', 'x']
>>> list1.remove('x')
>>> list1
['y', 'z']
>>> list1.remove('x')
Traceback(most recent call last):
  File "<pyshell#36>", line 1, in <module>
    list1.remove('x')
ValueError: list.remove(x): x not in list
```

方法 3：使用 pop( )方法来弹出（删除）指定位置的元素，缺省参数时弹出最后一个元素。对空列表使用 pop( )方法将会抛出异常 IndexError。

```
>>> list1=['x','y','z']
>>> list1.pop()
'z'
>>> list1.pop(0)
'x'
>>> list1
['y']
>>> list1.pop(1)
Traceback(most recent call last):
  File "<pyshell#41>", line 1, in <module>
    list1.pop(1)
IndexError: pop index out of range
```

7. 检索元素

1）index( )方法：返回列表中指定元素首次出现位置的索引，若不存在则抛出异常ValueError。

```
>>> listlist1=['a','b','c','a']
>>> list1.index('b')
1
```

2）count( )方法：返回指定元素在列表中出现的次数。

```
>>> list1.count('a')
2
```

3）in，not in：检查指定元素是否在列表中。使用 in 来检查指定元素，若指定元素在列表中，则返回 True，否则返回 False。not in 则相反。

```
>>> 'b' in list1
True
>>> 'b' not in list1
False
```

8. 排序

1）sorted([reverse])函数：对列表排序，不改变原列表的顺序。参数 reverse 的值等于 True 进行降序排序，值等于 False 进行升序排序。参数 reverse 缺省的默认值是 False。

```
>>> list1=[8,5,3,12,13,2]
>>> sorted(list1)
[2, 3, 5, 8, 12, 13]
>>> list1
[8, 5, 3, 12, 13, 2]
>>> sorted(list1,reverse=True)
[13, 12, 8, 5, 3, 2]
```

2）reverse( )方法：对列表中的元素逆序存放。该方法改变原列表的顺序。

```
>>> list1.reverse()
>>> list1
[2, 13, 12, 3, 5, 8]
```

4.3.2 列表解析

列表解析（列表推导式）是在一个序列的值上应用一个任意表达式，将其结果收集到一个新的列表中并返回。它是 Python 语言强有力的语法之一，常用于从列表对象中有选择地获取并计算元素。虽然在多数情况下可以使用 for、if 等语句组合完成同样的任务，但列表解析书写的代码更简洁，使用列表解析更符合 Python 的编程风格。

列表解析的一般形式如下：

```
[<表达式> for x1 in <序列1> [… for xn in <序列N> if <条件表达式>]]
```

上面的表达式分为 3 部分：首先是生成每个元素的表达式，其次是 for 迭代过程，最后可以设定一个 i 判断作为过滤条件。

产生偶数的列表解析：

```
>>> list1=[2*i for i in range(6)]
>>> list1
[0, 2, 4, 6, 8, 10]
```

产生奇数的列表解析：

```
>>> list1=[i for i in range(10) if i%2==1]
>>> list1
[1, 3, 5, 7, 9]
```

产生随机数的列表解析：

```
>>> import random
>>> list1=[random.randint(10,99) for i in range(10)]
>>> list1
[20, 76, 86, 31, 35, 76, 55, 81, 74, 46]
```

4.3.3 列表程序实例

例 4-3 产生 10 个两位数并输出，求其中的最大数、最小数及 10 个数的平均值。

程序如下：

```
import random
list1=[random.randint(10,99) for i in range(10)]
print("产生的数：",list1)
print("最大数：{},最小数：{},平均值：{}".format(max(list1),min(list1),
sum(list1)/len(list1)))
```

程序的运行结果如下：

```
产生的数： [28, 50, 15, 89, 66, 94, 66, 16, 26, 71]
最大数：94,最小数：15,平均值：52.1
```

例 4-4 随机密码生成。在字母和数字组成的列表中随机生成 10 个 8 位数密码。

程序如下：

```
import random
txt=list("0123456789abcdefghijklmnopqrstuvwxyz")
for i in range(10):
    psd=""
    for i in range(8):
        psd=random.choice(txt)+psd
    print(psd)
```

例 4-5 英文字符频率统计，输入一个字符串，统计字符中字母出现的频率，忽略大小写。

分析：使用 lower( )或 upper( )统一成小写字母实现忽略大小写，同时过滤了非英文字符；遍历输入字符，使用 not in 实现新列表存放不重复的字母，统计使用 count( )方法完成，结果存放在另一列表中。

程序如下：

```
text=input("请输入一段文本：").lower()
listchar=[]
counts=[]
for c in text:
    if c.islower():
        if c not in listchar:
            listchar.append(c)
for c in listchar:
    counts.append([c,text.count(c)])
for c in counts:
    print(c)
```

程序的运行结果如下：

```
请输入一段文本：Python Program
['p', 2]
['y', 1]
['t', 1]
['h', 1]
['o', 2]
['n', 1]
['r', 2]
['g', 1]
['a', 1]
['m', 1]
```

4.4 元　组

元组是包含 0 个或多个元素的不可变序列类型。元组生成后是固定的，其中的任何元素都不能替换或删除。元组与列表的区别在于元组的元素不能修改。在创建元组时，要将元组的元素用圆括号括起来，并使用逗号隔开。

4.4.1 元组的基本操作

使用表 4-1 中的序列类型的常用操作符可以完成元组的基本操作。

```
#创建元组
tup1=('physics','chemistry',1997,2000)   #元组中包括不同类型的数据
tup2=(1,2,3,4,5)
tup3="a","b","c","d"                      #声明元组的括号可以省略
tup4=(50,)                                #元组只有一个元素时，逗号不可以省略
tup5=((1,2,3),(4,5),(6,7),9)
>>> type(tup3),type(tup4)                 #变量类型测试
(<class 'tuple'>,<class 'tuple'>)
>>> 1997 in tup1
True
>>> tup2+tup3                             #元组连接
(1,2,3,4,5,'a','b','c','d')
>>> tup1[1]                               #使用索引访问元组中的元素
'chemistry'
>>> len(tup1)
4
>>> max(tup3)
'd'
>>> tup1.index(2000)                      #检索元组中元素的位置
3
>>> tup3.index(2000)                      #检索的元素不存在，运行报告异常
Traceback(most recent call last):
  File "<pyshell#130>",line 1,in <module>
    tup3.index(2000)
ValueError: tuple.index(x): x not in tuple
```

4.4.2 元组与列表的转换

元组与列表非常类似，但元组的元素值不能被修改；如果想要修改其元素值，可以将元组转换为列表，修改后再转换为元组。列表和元组使用下面的函数进行相互转换：tup(lst)将列表转换为元组，list(tup)将元组转换为列表，函数的参数是被转换对象。

```
>>> tup1=(123,'xyz','zara','abc')
>>> lst1=list(tup1)
>>> lst1.append(999)
>>> tup1=tuple(lst1)
>>> tup1
(123,'xyz','zara','abc',999)
```

4.5 字　典

字典是 Python 中内置的映射类型。映射是通过键值查找一组数据值信息的过程，由键值（key-value）对组成，通过键（key）可以找到其映射的值（value）。

字典可以看作由元素对构成的列表，其中一个元素是键，另一个元素是值。在搜索字典时，首先查找键，当查找到键后就可以直接获取该键对应的值，这是一种高效实用的查找方法。这种数据结构之所以被命名为字典，是因为它的存储和检索过程与真正的字典类似。键类似于字典中的单词，根据字典的组织方式（如按字母顺序排列）找到单词（键）非常容易，找到键就能找到相关的值（定义）；但反向搜索，也就是使用值来搜索键则难以实现。

字典中的值并没有特定的顺序，但是都存储在一个特定的键中，键可以是数字、字符串及元组等。此外，字典中的元素（键值对）是无序的。当添加键值对时，Python 会自动修改字典的排列顺序，以提高搜索效率，而且这种排列顺序对用户是隐藏的。

4.5.1 字典的基本操作

字典的基本操作包括创建字典、检索字典、修改与添加字典元素等。

1. 创建字典

字典由标记{}定义，字典中的每个元素都包含键和值两部分，键和值用冒号分开，元素之间用逗号分隔。下面给出创建字典的代码，dict( )是用于创建字典的函数。

创建字典，方法如下：

```
>>> dict1={}
>>> dict2={"id":101,"name":"Rose","address":"Changjiangroad", "pcode":
"116022"}
>>> dict3=dict(id=101,name="Rose",address="Changjiangroad",pcode=
"116022")
>>> dict4=dict([('id',101),('name','Rose'),('address',
'Changjiangroad'),
                ('pcode','116022')])
>>> dict2      #显示字典内容
{'id':101,'name':'Rose','address':'Changjiangroad','pcode':'116022'}
```

这段代码中：

第 1 行用于创建一个空的字典，该字典不包含任何元素，可以向字典中添加元素。

第 2 行是典型的创建字典的方法，是用{}括起来的键值对。

第 3 行使用 dict( )函数，使用关键字参数创建字典。

第 4 行使用 dict( )函数，通过键值对序列创建字典。

2. 检索字典

可以使用 in 运算符测试一个指定的键值是否存在于字典中，表达式的格式如下：

```
key in dict
```

其中，dict 是字典名，key 是键名。如果需要通过键来查找值，则可以使用表达式 dict['key']，将返回 key 所对应的值。

检索字典，方法如下：

```
#使用 in 运算符检索
>>> dict={"id":101,"name":"Rose","address":"Changjiangroad",
"pcode":"116022"}
>>> "id" in dict
True
>>> "address" in dict
True
>>> "Rose" in dict
False
#使用关键字检索
>>> dict["id"]
101
>>> dict["pcode"]
'116022'
```

```
>>> t1=dict["id"],dict["pcode"]
>>> t1,type(t1)
((101,'116022'),<class 'tuple'>)
```

3. 修改与添加字典元素

字典的大小是动态的，不需要事先指定其容量大小，可以随时向字典中添加新的键值对，或者修改键所关联的值。添加字典元素和修改字典元素的方法相同，都是使用dict[key]=value 的形式。如果字典中存在该键值对，则修改字典元素的值，否则实现的是字典元素的添加功能。

修改与添加字典元素，方法如下：

```
>>> dict1={"id":101,"name":"Rose","address":"Changjiangroad"}
#修改元素值
>>> dict1["address"]="Huangheroad"
>>> dict1
{'id':101,'name':'Rose','address':'Huangheroad'}
#添加字典元素
>>> dict1["email"]="python@learning.com"
>>> dict1
{'id':101,'name':'Rose','address':'Huangheroad','email':'python@le
arning.com'}
```

在这段代码中，因为字典 dict1 中已经存在"address"键值对，所以语句“dict1["address"]="Huangheroad"”仅仅是修改元素值；因为字典 dict1 中没有"email"键值对，所以语句“dict1["email"]= "python@learning.com"”是向字典中添加一个元素（键值对）。

4.5.2 字典的常用方法

Python 内置了一些字典的常用方法，如表 4-3 所示。其中，dict 为字典名，key 为键，value 为值。

表 4-3 字典的常用方法

方法	功能描述
dict.keys( )	返回所有的键信息
dict.values( )	返回所有的值信息
dict.items( )	返回所有的键值对
dict.get(key,default)	键存在则返回相应值，否则返回默认值

续表

方法	功能描述
dict.pop(key,default)	键存在则返回相应值，同时删除键值对，否则返回默认值
dict.popitem( )	字典中最后一个键值对，以元组（key,value）形式返回
dict.clear( )	删除所有的键值对
del dict[key]	删除字典中某一个键值对
key in dict	如果键在字典中则返回 True，否则返回 False
dict.copy( )	复制字典
dict.update(dict2)	更新字典，参数 dict2 为更新的字典

下面通过示例介绍字典的常用方法。

1．keys( )、values( )和 items( )方法

这 3 个方法分别返回字典的键、值和键值对。字典与列表不同，它不支持索引，但可以迭代访问，通过遍历键值对可以获得字典的信息。

字典操作中，keys( )、values( )和 items( )方法的应用如下。

```
>>> dict={"id":101,"name":"Rose","address":"Changjiangroad",
"pcode":"116022"}
#获得键
>>> key1=dict.keys()
>>> type(key1)
<class 'dict_keys'>
>>> key1=dict.keys()
>>> for k in key1:
        print(k,end=",")
id,name,address,pcode,
#获得值
>>> values1=dict.values()
>>> type(values1)
<class 'dict_values'>
>>> for v in values1:
        print(v,end=",")
101,Rose,Changjiangroad,116022,
#获得键值对
>>> items=dict.items()
>>> type(items)
<class 'dict_items'>
>>> for item in items:
```

```
        print(item,end=",")
    ('id',101),('name','Rose'),('address','Changjiangroad'),('pcode','
116022'),
```

2. get( )、pop( )和 popitem( )方法

get( )方法返回键对应的值。如果 key 不存在，则返回空值。default 参数可以指定键不存在时的返回值。

pop( )方法从字典中删除键值对，并返回对应的值。如果 key 不存在，则返回默认值；如果未指定默认值，代码运行时会产生异常。

popitem( )方法从字典删除并返回最后一个键值对，字典为空时会产生 KeyError 异常。

字典操作中，get( )、pop( )和 popitem( )方法的应用如下。

```
>>> dict={"id":101,"name":"Rose","address":"Changjiangroad"}
#get()方法
>>> dict.get("address")
'Changjiangroad'
>>> dict.get("pcode")
>>> dict.get("pcode","116000")   #字典中不存在 pcode，返回默认值
'116000'
>>> dict
{'id':101,'name':'Rose','address':'Changjiangroad'}
#pop()方法
>>> dict.pop('name')
'Rose'
>>> dict
{'id':101,'address':'Changjiangroad'}
>>> dict.pop("email","u1@u2")    #字典中不存在 email，返回默认值
'u1@u2'
>>> dict
{'id':101,'address':'Changjiangroad'}
>>> dict={"id":101,"name":"Rose","address":"Changjiangroad"}
#popitem()方法，逐一删除键值对
>>> dict.popitem()
('address','Changjiangroad')
>>> dict.popitem()
('name','Rose')
>>> dict.popitem()
('id',101)
>>> dict
{}
```

3．copy( )和 update( )方法

copy( )方法返回一个字典的副本，但新产生的字典与原字典的 id 是不同的，当修改一个字典对象时，对另一个字典对象没有影响。

update( )方法可以使用一个字典更新另一个字典，如果两个字典存在相同的键，则键值对会进行覆盖。

字典操作中，copy( )和 update( )方法的应用如下。

```
>>> dict1={"id":101,"name":"Rose","address":"Changjiangroad"}
#copy()方法
>>> dict2=dict1.copy()
>>> id(dict1),id(dict2)
(62627152,68030112)
>>> dict1 is dict2
False
>>> dict2["id"]=102
>>> dict2
{'id':102,'name':'Rose','address':'Changjiangroad'}
>>> dict1
{'id':101,'name':'Rose','address':'Changjiangroad'}
#update()方法
>>> dict3={"name":"John","email":"u1@u2"}
>>> dict1.update(dict3)
>>> dict1
{'id':101,'name':'John','address':'Changjiangroad','email':'u1@u2'}
```

4.5.3 字典程序实例

例 4-6 输入一行英文句子，统计各个单词出现的次数。

分析：采用字典数据结构来实现。输入的英文句子以空格分离出单词列表，把单词次数作为字典的键值对，遍历单词列表，如果某个单词在字典中，则将它的关联值加 1。

程序如下：

```
text=input("请输入句子：").lower().split()
dicttext={}.fromkeys(text,0)
for c in text:
    dicttext[c]+=1
print(dicttext)
```

程序的运行结果如下：

```
请输入句子：To be or not to be that's a question.
{'to': 2, 'be': 2, 'or': 1, 'not': 1, "that's": 1, 'a': 1, 'question.': 1}
```

4.6 集　合

集合是 0 个或多个元素的无序组合，但集合本身是可变的，用户可以很容易地向集合中添加元素或移除集合中的元素。集合中的元素只能是整数、浮点数、字符串等基本数据类型，而且这些元素是无序的，没有索引位置的概念。

集合中的任何元素都没有重复，这是集合的一个非常重要的特点。集合与字典有一定程度的相似性，但集合只是一组 key 的集合，这些 key 不可以重复，集合中没有 value。

4.6.1 集合的常用操作

1. 创建集合

可以使用 set( )函数创建一个集合。集合与列表、元组、字典等数据结构不同，创建集合没有快捷方式，必须使用 set( )函数。set( )函数最多有一个参数。如果没有参数，则会创建空集合；如果有一个参数，那么参数必须是可迭代的类型，如字符串或列表，可迭代对象的元素将生成集合的成员。

```
>>> aset=set("python")              #字符串作为参数创建集合
>>> bset=set([1,2,3,5,2])           #列表作为参数创建集合
>>> cset=set()                      #创建空集合
>>> aset,bset,cset
({'o','p','t','y','h','n'},{1,2,3,5},set())
```

从运行结果可以看出，集合的初始顺序和显示顺序是不一致的，表明集合中的元素是无序的。

2. 集合的操作方法

Python 提供了众多的集合操作方法，用于向集合中添加元素、删除元素或复制集合等。集合操作的常用方法如表 4-4 所示，其中，S、T 为集合，x 为集合中的元素。

表 4-4　集合操作的常用方法

方法	功能描述
S.add(x)	添加元素。如果元素 x 不在集合 S 中，则将 x 添加到集合 S 中
S.clear( )	清除元素。移除集合 S 中的所有元素
S.copy( )	复制集合。返回集合 S 的一个副本
S.pop( )	返回集合 S 中的一个元素，并在集合中删除该元素。集合 S 为空时产生 KeyError 异常
S.discard(x)	如果 x 在集合 S 中，则移除该元素；x 不存在时不报告异常
S.remove(x)	如果 x 在集合 S 中，则移除该元素；x 不存在则产生 KeyError 异常
S.isdisjoint(T)	判断两个集合是否存在相同的元素。如果集合 S 与 T 没有相同的元素，则返回 True
len(S)	返回集合 S 中的元素个数

```
#创建两个集合
>>> aset=set("python")
>>> bset=set([1,2,3,5,2])
>>> cset=bset.copy()
>>> aset,bset,cset
({'o','p','t','y','h','n'},{1,2,3,5},{1,2,3,5})
#向集合中添加元素
>>> bset.add("y")
>>> bset
{1,2,3,5,'y'}
>>> bset.pop()
1
>>> bset
{2,3,5,'y'}
#判断集合中是否存在重复元素
>>> bset.isdisjoint(aset)
False
>>> len(aset)
6
>>> cset.clear()
>>> cset
set()
```

从运行结果可以看出，重复元素在 bset 中自动被过滤。另外，通过 add(x)方法可以添加元素到集合中，可以重复添加，但重复的元素不会被加入。

集合类型主要用于 3 个场景：成员关系测试、元素去重和删除数据项。因此，如果需要对一维数据进行去重或数据重复处理，一般可以通过集合来完成。

4.6.2 集合运算

Python 中的集合与数学中的集合的概念是一致的，因此两个集合可以做数学意义上的交集、并集、差集等运算。集合运算的操作符或方法如表 4-5 所示。

表 4-5 集合运算的操作符或方法

操作符或方法	功能描述
S&T 或 S.intersection(T)	交集。返回一个新集合，包括同时存在于集合 S 和 T 中的元素
S|T 或 S.union(T)	并集。返回一个新集合，包括集合 S 和 T 中的所有元素
S-T 或 S.difference(T)	差集。返回一个新集合，包括在集合 S 中但不在集合 T 中的元素
S^T 或 S.symmetric_difference_update(T)	补集。返回一个新集合，包括集合 S 和 T 中的元素，但不包括同时在两个集合中的元素
S<=T 或 S.issubset(T)	子集测试。如果集合 S 与 T 相同或集合 S 是 T 的子集，则返回 True，否则返回 False。可以用 S<T 判断集合 S 是否为集合 T 的真子集
S>=T 或 S.issuperset(T)	超集测试。如果集合 S 与 T 相同或集合 S 是 T 的超集，则返回 True，否则返回 False。可以用 S>T 判断集合 S 是否为集合 T 的真超集

```
>>> aset=set([10,20,30])
>>> bset=set([20,30,40])
>>> set1=aset&bset              #交集运算
>>> set2=aset|bset              #并集运算
>>> set3=aset-bset              #差集运算
>>> set4=aset^bset              #补集运算
>>> set1
{20,30}
>>> set2
{40,10,20,30}
>>> set3
{10}
>>> set4
{40,10}
>>> set1=aset                   #子集测试
True
>>> aset=set2                   #超集测试
False
```

小　结

本章主要介绍了列表、元组、字典和集合等组合数据类型。列表和元组属于序列类型，本章讲解了序列操作的运算符和方法。根据不同组合数据类型的特点，本章讲述了循环遍历、增删改查、排序等内容。

元组是无法修改的，其重点在于增加、删除、查找操作。字典是 Python 中内置的映射类型，由键值对组成，通过键可以找到其映射的值。本章主要讲解了字典元素的获取，包括键和值的获取，还讲解了字典的增加、删除、修改、查找。

通过本章的学习，读者应熟练应用这些数据结构解决一些复杂的问题。利用列表，相对复杂的编程都可以实现。读者应掌握不同类型数据的结构特点，在后续开发过程中可以选择合适的组合数据类型操作数据。

习　题

一、选择题

1．Python 的序列类型不包括（　　）。

A．字符串　　B．字典

C．元组　　D．列表

2．以下代码的输出结果是（　　）。

```
lis=list(range(4))
print(lis)
```

A．[0,1,2,3,4]　　B．[0,1,2,3]

C．0,1,2,3,　　D．0,1,2,3,4,

3．下列关于字符串的描述错误的是（　　）。

A．字符串 s 的首字符为 s [0]

B．在字符串中，同一个字母的大小写是等价的

C．字符串中的字符都是以某种二进制编码的方式进行存储和处理的

D．字符串也能进行关系比较操作

4．下列关于 Python 列表的描述错误的是（　　）。

A．列表元素可以被修改　　B．列表元素没有长度限制

C．列表元素的个数不限　　D．列表元素的数据类型必须一致

5．在下列表达式中，合法的元组是（　　）。

A．(20,)　　B．(runoob)

C．()　　D．(123，runoob，)

6．字典 D={'A': 10, 'B': 20, 'C': 30, 'D': 40}，sum(list(D.values( )))的值为（　　）。

A．10　　B．100

C．40　　D．200

7．下列关于字典的定义，错误的是（　　）。

A．值可以是任意类型的 Python 对象

B．属于 Python 中的不可变类型

C．字典元素用大括号{}包裹

D．由键值对构成

8．下列选项中与 s [0: −1]表示的含义相同的是（　　）。

A．s[−1]　　B．s[:]

C．s[:len(s)−1]　　D．s[0:len(s)]

9．在下列语句中，定义了一个 Python 字典的是（　　）。

A．[1，2，3]　　B．(1，2，3)

C．{1，2，3}　　D．{}

10．若有 ilist=[i for i in range(8) if i%2==0]，则 ilist*2 的结果为（　　）。

A．[0,0,2,2,4,4,6,6]　　B．[0,2,4,6,0,2,4,6]

C．[2,4,6,2,4,6]　　D．[2,4,6,8,2,4,6,8]

二、填空题

1．表达式'abcab'.replace('a','yy')的值为________。

2．假设列表对象 aList 的值为[3,4,5,6,7,9,11,13,15,17]，那么切片 aList[3:7]得到的值是________。

3．字典对象的________方法返回字典中的键值对列表。

4．表达式[3] in [1,2,3,4]的值为________。

5．字符串 S 中的最后一个字符的索引值为________。

第 5 章 Python 函数

5.1 函数的概述

模块化程序设计的功能是把一个大型程序划分为多个模块，每个模块完成一个基本功能，再把它们按照一定的调用关系组合起来，完成指定的功能。函数就是一组实现某一特定功能的语句集合，是可以重复调用、功能相对独立完整的程序段。在程序设计中，有很多相同或相似的操作，只是处理的数据不同而已，如果每个地方都复制这段程序，不但浪费了大量的时间，同时也给程序测试和维护带来很大的麻烦。如果这个程序段需要修改，则所有被复制的地方都需要修改，工作量大而且很可能会出现遗漏。

计算机语言中的函数是实现某一特定功能的语句集合。只要给函数提供数据就能得到结果，至于函数内部究竟是如何工作的，外部程序不需要知道。编程中函数的使用具有明显的优点。函数可以重复使用，提高了代码的可重用性；函数通常实现较为单一的功能，提高程序的独立性；同一个函数，通过接收不同的参数，可实现不同的功能，提高程序的适应性。

函数实现了程序的模块化，降低了编程的难度，把复杂问题分解成了一系列的小问题，解决起来很方便。将反复要用到的某些程序段写成函数（function）的形式，当需要时直接调用即可，实现了代码的重用。函数可以在一个程序的多个位置使用，也可以用于多个程序，还可以把函数放在一个模块中供其他程序员使用。函数能提高程序的模块和代码的重复利用率，对大型程序的开发很有用。

函数可分为标准库函数（标准函数）和自定义函数。模块（module）是 Python 最高级别的程序组织单元，一个模块可以包含若干个函数。只有导入模块之后才可以使用模块中定义的函数，可以用 import 语句导入相应的模块。标准函数是由系统提供的，只要程序前面导入该函数原型所在的模块，就可以在程序中直接调用。它们作为内置函数，为用户提供了丰富强大的功能。在 Python 中有很多内置函数，如 math 模块中的 sqrt( )函数；还可以导入 rand 模块，之后就可以使用 random.randint( )等函数，这些都是 Python 系统提供的函数，称为标准库函数。在 Python 程序中，用户也可以自己创建函数，称为用户自定义函数。用户自定义函数是由用户按照自己的需求编写的一段程序，用以实现特定的功能。

本章主要介绍函数的定义、调用和参数传递等内容。

5.2 函数的定义与调用

5.2.1 函数的定义

Python 的函数不是数学上的函数值与表达式之间的对应关系，而是一种运算或处理的过程。用户可以定义一个自己想要实现某种功能的函数。定义后可以根据需要调用它。Python 函数的定义包括对函数名、函数的参数及函数功能的描述，Python 定义函数时使用 def 关键字，语法格式如下：

```
def 函数名(形式参数表):
    函数体
    return [表达式]
```

关于函数定义的注意事项和说明如下。

1）函数定义以关键字 def 开头，后接函数名称和用括号括起来的参数，行尾加冒号，函数体必须缩进，函数定义的第一行称为函数首部，用于对函数的特征进行定义。

2）函数名是一个标识符，可以按标识符的规则随意命名。一般给函数命名为一个能反映函数功能、有助于记忆的标识符。函数名的命名规则和变量的命名规则一致，即只能由字母、数字和下画线及汉字组成，不能以数字开头，并且不能与关键字重名。

3）函数名后面括号内的参数因为没有值的概念，它只是说明了这些参数和某种运算或操作之间的函数关系，所以称为形式参数，简称形参。形参是按需要而设定的。函数的参数必须放在圆括号中，可以是零个、一个或多个，各个参数之间用逗号分隔。需要说明的是，如果函数的参数有多个，默认情况下，函数调用时，传入的参数和函数定义时参数定义的顺序保持一致。

4）函数定义中的缩进部分称为函数体，函数体用于说明函数的功能。函数体中的 return 语句用于传递函数的返回值，一般格式如下：

```
return 表达式
```

5）return 语句是可选的，它可以在函数体内的任何地方出现，表示函数调用执行到此结束。如果没有 return 语句，则会自动返 None；如果有 return 语句，而 return 后面没有表达式，则也返回 None。函数中可以有多个 return 语句，当执行到某个 return 语句时，程序的控制流程返回调用函数，并将 return 语句中表达式的值作为返回值带回。若函数有多个返回值，则函数把这些值当成一个元组返回。例如，“return 4,7,9”实际上返回的是元组（4,7,9）。

例 5-1 函数的定义示例。

```
def isyear(year):
    if year%4==0 and year%100!=0 or year%400==0:
        print("{}是闰年".format(year))
    else:
        print("{}不是闰年".format(year))
isyear(2020)
isyear(2030)
2020 是闰年
2030 不是闰年
```

例 5-1 定义的函数有一个参数，isyear( )函数调用时，根据参数可以计算出是否为闰年。本例中形参为 year，执行时第一次把实际参数 2020 传递给形参 year，第二次把实际参数 2030 传递给形参 year。

例 5-2 定义一个函数，完成从输入的 3 个数中找出最大值。

```
def maxx(x,y,z):
    ma=x
    if y>ma:
        ma=y
    if z>ma:
        ma=z
    return ma
a,b,c=eval(input("a,b,c="))
print(" 3 个数的最大值为：{}".format(maxx(a,b,c)))
```

程序的运行结果如下：

```
a,b,c=4,5,6
3 个数的最大值为：6
```

本例中定义了 3 个形参，分别为 x、y、z。在调用函数 maxx( )时，把实际参数 a、b、c 的值依次传递给形参 x、y、z，3 个参数经过运算，得到最大值并作为函数的结果返回。

5.2.2 空函数

Python 还允许函数体为空的函数，其形式如下：

```
def 函数名():
    pass
```

调用此函数时，执行一个空语句，即什么工作也不做。有时因函数的算法还未确定，或者还暂时来不及编写，或者有待于完善和扩充程序功能等原因，未输出该数的完整定义。特别是在程序开发过程中，通常先开发主要的函数，次要的函数或准备扩充程序功能的函数暂时写成空函数，使其能在程序还没有完整的情况下调试部分程序，同时为以后程序的完善和功能扩充打下一定的基础，所以，空函数在程序开发中经常被使用。

5.2.3　函数的调用

函数通过函数名加上一对圆括号来调用，参数放在圆括号内，多个参数之间用逗号隔开。程序通过函数调用来进行函数的控制转移和相互之间数据的传递，并对被调函数进行展开执行，Python 要求函数先定义、再调用，函数的调用必须在函数定义之后。函数调用的一般形式如下：

```
函数名([实际参数表])
```

调用函数时，与形参对应的参数因为有值的概念，所以称为实际参数，简称实参。实参可以是变量、常量或表达式。当实参个数超过一个时，用逗号分隔。对于无参函数，调用时实参表列为空，函数名之后的一对括号不能省略。函数调用时提供的实参应与被调用函数的形参按照顺序一一对应，而且参数类型要兼容。如果 return 语句没有返回值，则函数值为 None。

例 5-3　编写一个求阶乘值的函数，求输入数的阶乘。

```
def 阶乘(a):              #程序执行顺序，第 1 个指令执行位置
    x=1
    for i in range(2, a+1):
        x*=i
    return x
n=int(input("n="))       #程序执行顺序，第 2 个指令执行位置
print(阶乘(n))            #程序执行顺序，第 3 个指令执行位置
```

函数执行过程中，语句的执行是一条一条从前面开始执行的。在第一行，程序虽然遇到了函数的定义，但是并不会立即执行函数体，而是跳过函数体，执行第二个指令执行位置。

因为遇到了 input 函数，所以此时需要用户输入数值，输入 n=10。在指令执行到第 3 个位置时，遇到了刚才定义的函数阶乘( )，此时执行被调用函数阶乘( )。也就是开始执行函数体中的语句，把实参 10 传递给对应的形参 a，语句中的 a 的值就是 10。遇到 return 时，返回主函数并带回返回值，释放形参。然后继续执行后续语句，直到程序结束。

另外，Python 函数可以在交互式命令提示符下定义和调用，例如：

```
>>> def test1(a,b,c):
        return a*a+b*b+c*c
>>> print(test1(1,2,3))
    14
```

但通常的做法是，将函数定义和函数调用都放在一个程序文件中，然后运行程序文件。例如，程序文件 test1.py 的内容如下。

```
def test1(a,b,c):
    return a*a+b*b+c*c
print(test1(1,2,3))
```

程序的运行结果如下：

```
14
```

例 5-4 函数的调用和类型测试应用示例。

```
def X1(r):
    print("球的体积是：{:>8.2f}".format(4*3.14*r*r*r/3))
    return
X1(10)
print(type(X1))              #返回 X1 的类型
```

程序的运行结果如下：

```
球的体积是： 4186.67
<class 'function'>
```

函数除了可以返回函数值，还可以使用 type( )函数进行类型的检测，所有函数的类型都是 class 'function'。

5.3 函数的参数

形参的个数可以有多个，多个形参之间用逗号隔开。与形参相对应，当一个函数被调用时，在被调用处给出对应的实参。Python 中的变量保存的是对象的引用，调用函数的过程就是将实参传递给形参的过程。函数中的参数起到了传递数据的作用，函数调用者可以通过函数把函数内部需要的数据从外部传进去。函数调用时，实参可分为位置参数、默认参数和可变参数等。

5.3.1 位置参数

函数调用时，默认情况下，实参将按照位置顺序依次传递给形参。例如，计算一个数的立方的函数，代码如下：

```
def power3(x):
    return x**3
```

程序的运行结果如下：

```
>>>power3(3)
27
```

在函数 power3 中，参数 x 就是位置参数，执行 power3(3)调用函数时，把实参 3 传递给了 x，进行运算得到结果为 27。位置参数不仅可以是一个，根据需要还可以有多个，如下所示。

```
def myfun(r,h):
    print("圆锥的体积是：{}".format(3.14*r*r*h/3))
```

调用函数时，执行“myfun(2,4)”命令，将按照 r=2、h=4 的对应关系来传递参数值，如果参数顺序发生改变，如“myfun(4,2)”，整个函数的逻辑就会发生变化。如果函数不同参数的数据类型不同，改变实参的顺序，调用时还可能会发生语法错误。

例 5-5 自定义函数，完成指定数字幂的计算。

```
def powern(x,n):
    s=1
    for i in range(n):
        s*=x
    return s
powern(2,10)
```

程序的运行结果如下：

```
1024
```

函数中有两个位置参数，分别为 x 和 n，调用 powern(2,10)时，把实参 2 传递给了 x，同时把 10 传递给了 n，传递的顺序是依次传递。

5.3.2 默认参数

定义函数时，可以给函数的形参设置默认值，这种参数称为默认参数。当调用函数值时，由于默认参数在定义时已经赋值，如果默认参数没有传入值，则直接使用默认的值；如果默认参数传入了值，则使用传入的新值。默认方式如 powern(x,n=2)，第二个参数 n 就使用了默认值 2。当调用函数时，由于默认参数在定义时已经被赋值，因此可以直接忽略，而其他参数是必须要传入值的，如调用函数 powern(2,10)，则使用传入的新值 10 替代原来的值 2。

```
def powern(x,n=2):
    s=1
    for i in range(n):
        s*=x
    return s
```

程序的运行结果如下：

```
>>> power powern(2,10)
1024
>>> power powern(2)
4
```

例 5-6 默认参数的应用。本例要完成猜数的大小，使用随机生成的数值和用户输入的数值进行大小的比较。必须导入 random 模块，才能使用 randint( )函数。

```
import random
def guessnumber(a,b=10):
    num=random.randint(a,b)
    guess=int(input("请输入您猜测的数："))
    if num==guess:
        print("猜中了！")
    elif num>guess:
        print("太大了！")
    else:
        print("太小了！")
guessnumber(5,15)
```

程序的运行结果如下：

```
请输入您猜测的数：10
太小了！
```

此时输入的两个参数 5 和 15，分别传递给形参 a 和 b，输入的判断值为 10 时，程序判断出结果。如果把函数的调用语句改为 guessnumber(5)，此时把实参 5 赋值给 a，而 b 中的值使用默认的参数 10 进行运算。需要注意的是，带有默认值的参数一定要位于参数列表的最后，否则程序运行时会报告异常。

通常情况下，在函数调用时，实参默认按照位置顺序传递给函数。如果参数较多，则按照位置传递参数的方式可读性较差。例如，计算总成绩的 Score( )函数有 5 个参数，函数定义如下，其中的参数表示 5 科成绩，每科成绩在计算总分时的权重是不同的。

```
def Score(英语,数学,物理,计算机,化学):
        pass
```

它的一次实际调用过程描述如下：

```
scores=Score(93,89,78,89,72)
```

如果仅看实际调用而不看函数定义，很难理解这些参数的实际含义。在规模稍大的程序中，函数定义可能在函数库中，也可能与调用函数相距很远，因此可读性较差。为了解决上述问题，Python 提供了按照形参名称输入实参的方式，这种参数称为赋值参数。针对上面的问题，程序示例如下。

```
>>> def Score(英语,数学,物理,计算机,化学):
        return 英语*0.5+数学*1+物理*1.2+计算机*1+化学*1
>>> Score(93,89,78,89,72)                                    #按位置传递
390.1
>>> Score(计算机=89, 数学=78, 物理=72, 英语=93,化学=89)  #使用赋值参数
390.1
```

由于调用函数时指定了参数名称，因此参数之间的顺序可以任意调整，提高了代码的可读性。

例 5-7 使用组合数据类型作为实参的参数传递。

```
T1=(1,2,3,4,5,6,8,9)
L1=[]
def getodd(tuple1,list1):
    for i in tuple1:
        if i%2==0:
            list1.append(i)
    return list1
getodd(T1,L1)
print(L1)
```

程序的运行结果如下：

```
[2, 4, 6, 8]
```

本例中有两个实参，一个是元组，另一个是列表，传递给了形参 tuple1 和 list1。元组中的每一个元素经过判断，把符合条件（也就是为偶数）的元素附加到列表中，最后返回的函数值为一个列表。

5.3.3 可变参数

在 Python 的函数中可以定义可变参数。可变参数是指在函数定义时，该函数可以接收任意个数的参数，参数的个数可能是 1 个、2 个或多个，也可能是 0 个。可变参数形式为参数名称前加星号（*）。定义可变参数的函数语法格式如下：

```
def 函数名([普通参数],*参数):
    函数体
    [return 表达式]
```

其中，普通参数为定义的传统参数，代表一组参数；*参数和函数传入的参数个数会优先匹配普通参数的个数，*参数以元组的形式保存多余的参数。

在定义一个函数时，如果希望函数能处理的参数个数比定义时的参数个数多，则可以在函数定义时使用可变参数，也称为不定长数。在参数前面加上*就是可变参数。

例如，计算 $a^2+b^2+\cdots$ 值的函数，其代码如下：

```
def funcalc(* n):
    s=sum([i* i for i in n])
    return s
print(funcalc(1,3,5,7,9))
print(funcalc(2,3))
print(funcalc())
```

程序的运行结果如下：

```
165
13
0
```

在上面的函数定义中，*参数为可变参数。当调用函数时，函数传入的参数会优先匹配普通参数。如果传入的参数个数与普通参数的个数相同，可变参数会返回空的元组；如果传入的参数个数比普通参数的个数多，那么会以元组的形式存放这些多出来的参数。

例 5-8 可变参数的应用示例。

```
def vary(A,*B):
    print(A)
    for x in B:
        print(x,end=",")
    return
```

```
#第一次调用函数
vary("李白")
#第二次调用函数
vary("李白","杜甫","白居易","欧阳修")
```

程序的运行结果如下：

```
李白
李白
杜甫,白居易,欧阳修,
```

本例中定义了 vary( )函数，其中*B 为可变参数。调用 vary( )函数时，如果只传入一个参数，那么该参数会从左向右匹配 A 参数。此时*B 参数没有接收到数据，所以为一个空元组。

调用 vary( )函数时，如果传入多个参数（参数个数多于传统参数的个数，本例中是大于 1），从运行结果可以看出，多余的参数组成了一个元组，并在程序中遍历了这个元组，显示出更多的信息。

5.3.4 关键字参数

在定义一个函数时，如果在参数前面加上**就是关键字参数。允许传入 0 个或任意个包含名称的参数，这些关键字参数在函数内部自动组装成一个字典，它可以扩展函数的功能。其一般形式如下：

```
def 函数名([普通参数],*参数, **参数):
    函数体
    [return 表达式]
```

在上面的函数定义中，**参数为关键字参数。当调用函数时，函数传入的参数会优先匹配普通参数。如果没有传入**参数的数据，关键字参数会返回空的字典；如果传入了参数，那么会以字典的形式存放这些参数。例如，下列程序中定义了关键字参数。

```
def poet(姓名,字,**号):
    print('姓名:',姓名,'字: ',字, 'other: ',号)
poet('杜甫','子美')
poet('杜甫','子美',自号="少陵野老",世称="杜工部")
poet('李白','太白',号="青莲居士",又号="谪仙人")
```

程序的运行结果如下：

```
姓名: 杜甫 字:  子美 other:  {}
姓名: 杜甫 字:  子美 other:  {'自号': '少陵野老', '世称': '杜工部'}
姓名: 李白 字:  太白 other:  {'号': '青莲居士', '又号': '谪仙人'}
```

函数 poet(姓名,字,**号)中，姓名和字为普通参数，号为关键字参数。执行“poet('杜甫','子美')”时，函数只传入两个参数，即'杜甫'和'子美'。号参数因为没有接收到数据，所以其为一个空字典{}。执行“poet('杜甫','子美',自号="少陵野老",世称="杜工部")”时，函数传入 4 个参数，即'杜甫'、'子美'、自号="少陵野老"、世称="杜工部"，其中有两个含名称的参数，即自号="少陵野老"、世称="杜工部"，所以号以字典“other:{'自号': '少陵野老', '世称': '杜工部'}”的形式存放这两个参数。第三次调用李白的语句同上。

例 5-9 写出下列程序的执行结果。

```
def myfunction(a,b=30,*c1,**c2):
    c=a+b
    for i in range(len(c1)):
        c+=c1[i]
    for j in c2.values():
        c+=j
    return c
s=myfunction(1,5,3,4,5,m=1,n=2)
print(s)
```

函数调用时，“myfunction(1,5,3,4,5,m=1,n=2)”中实参和形参进行结合，结果为“a=1,b=5,c1=(3,4,5),c2={ 'm1':1, 'm2':2}”。函数首先将 a 和 b 的值进行相加，再把元组 c1 中的所有元素进行累加，最后把字典 c2 的值进行累加得到结果，运行结果为 21。

5.4 函数的返回值

函数体中 return 语句的结果就是返回值。不带参数值的 return 语句返回 None。函数没有显示的 return 语句时，也会有一个隐含的 return 语句，返回值是 None，类型也是 'None Type'。

1. 函数定义内有 return 语句

```
def  f1(x):
    print(x)
    return x*10
w1=f1(8)
w2=w1/2
print(w2)
```

程序的运行结果如下：

```
8
40.0
```

2. 函数定义内没有 return 语句

```
def f2(x):
    print(x)
w1=f2(8)
print(w1)
print(type(w1))
```

程序的运行结果如下：

```
8
None
<class 'NoneType'>
```

函数 f2(x)中没有 return 语句，则 w1 变量得到的返回值为 None。

3. return 语句的位置与多条 return 语句

一个函数中可以有多条 return 语句，但只有一条可以被执行，如果没有一条 return 语句被执行，则同样返回 None。

```
def f3(x):
    if x%2==0:
        return x
    else:
        return x+1
w1=f3(11)
print(w1)
```

程序的运行结果如下：

```
12
```

程序中虽然有两条 return 语句，但是只是执行了其中的一条，返回相应的结果。

4. 返回值类型

无论函数定义中 return 语句的返回值是什么类型，return 只能返回一个值，但这个值可以存在多个元素。

（1）return 返回一个值

```
def onlyone(a,b):
    c=a**b
    return c
print(onlyone(2,3))
```

程序的运行结果如下：

```
8
```

（2）return 返回多个元素

```
def many(a,b):
    c=a**b
    return(a,b,c)
    x, y, z=many(2,3)
print('x:',x,'y:',y,'z:',z)
```

程序的运行结果如下：

```
x: 2  y: 3  z: 8
```

return(a,b,c)返回多个值，实际上这些元素被 Python 封装成了一个元组返回。

5.5 函数的嵌套调用

在一个函数中调用了另一个函数，称为函数的嵌套调用。

例 5-10 求 3 个数的平均值。

```
#求 3 个数的和
def sum3(a,b,c):
    return a+b+c
#对 3 个数求平均值
def average3(a,b,c):                                    #程序第二次执行位置
    w1=sum3(a,b,c)                                      #程序第三次执行位置
    w2=w1/3.0
    return w2
#调用函数,完成对 3 个数求平均值
w3=average3(3,10,11)                                    #程序第一次执行位置
print("平均数为:{}".format(w3))
```

程序的执行过程如下，首先跳过 sum3 和 average3 两个函数的定义部分，从

“w3=average3(3,10,11)”开始执行。此时调用 average3 语句，转去调用注释中的第二次执行位置，将实参 3、10、11 分别传给形参 a、b、c。在执行注释中的第三次执行位置时，调用 sum3 函数，将 3、10、11 分别传给 sum3 函数中的形参 a、b、c。

返回过程如下所示：在注释中的第一次返回位置返回值为 24，返回值赋给 w1；在第二次返回位置返回值为 8，返回值赋值给 w3；最后执行最后一条语句，结果为 8.0。

```
#求 3 个数的和
def sum3(a,b,c):
    return a+b+c                                #程序第一次返回
#完或对 3 个数求平均
def average3(a,b,c):
    w1=sum3(a,b,c)                              #程序第一次返回位置
    w2=w1/3.0
    return w2                                   #程序第二次返回
#调用函数,完成对 3 个数求平均值
w3=average3(3,10,11)                            #程序第二次返回位置
print("平均数为:{}".format(w3))
```

5.6 函数的递归

递归的基本思想是，在求解一个问题时，将该问题递推简化为一个规模较小的同一问题，并设法求得该规模较小的问题的解，在此基础上递进求解原来的问题。如果经递推简化的问题仍难以求解，可以再进行递推简化，直至将问题递推简化到一个容易求解的基本问题为止。

递归是函数在其定义或声明中直接或间接调用自身的一种方法。能够设计成递归算法的问题必须满足两个件：能找到反复执行的过程（调用自身）和能找到跳出反复执行过程的条件（递归出口）。

阶乘是递归的经典例子，其定义如下：

```
n!=n(n-1)(n-2)·…·1
```

按照上面的定义，使用迭代方法给出 n!的程序实现。

分析：n!=(n−1)!n，可以设计函数 funct(n)使用递归表达式，即 funct(n−1)n。如果用递归方式给出阶乘的定义，代码见例 5-11。

例 5-11 阶乘的递归实现。

```
def funct(i):
    if i==0:
        return 1
    else:
        return i*f funct(i-1)
x=int(input("请输入阶乘 n 的值："))
print("{}的阶乘为：{}".format(x,funct(x)))
```

程序的运行结果如下：

```
请输入阶乘 n 的值：5
5 的阶乘为：120
```

在使用参数 5 执行程序时，需要依次完成 5 次调用，每次调用的结果同样依次返回。

例 5-12 使用递归方法计算下列多项式函数的值。

$$f(x,n)=x^{-1}+x^{-2}+x^{-3}+\ldots+x^{-n}$$

分析：此函数需要两个参数，n=1 时，函数值为 x；n>1 时，函数中的每一项为 f(x,n−1)/x，由此可以构成递归。

通过递归的定义，可以确定递归算法和递归结束条件。

```
def p(i,n):
    if n==1:
        return 1/i
    else:
        return 1/i+p(i,n-1)/i
x=int(input("请输入阶乘 x 的值："))
n=int(input("请输入项数 n 的值："))
print(p(x,n))
```

程序的运行结果如下：

```
请输入阶乘 x 的值：2
请输入项数 n 的值：3
0.875
```

递归函数能够解决一些用非递归算法很难解决的问题，但是递归函数是以牺牲存储空间为代价的，因为每一次调用都要保存相关的参数和变量。递归函数也会影响程序的执行速度，因为反复调用函数会增加时间的开销。

5.7 变量的作用域

在函数的参数传递过程中，形参和实参都是变量。变量的作用域即变量起作用的范围，是 Python 程序设计中一个非常重要的问题。变量可以分为局部变量和全局变量，其作用域与变量是基本数据类型还是组合数据类型有关。

5.7.1 局部变量和全局变量

在一个函数内或语句块内定义的变量称为局部变量，其作用范围是从函数定义开始，到函数执行结束。局部变量定义在函数内，只在函数内使用，它与函数外具有相同名称的变量没有任何关系。不同的函数可以定义相同名称的局部变量，并且各个函数内的变量不会相互产生影响。另外，函数的参数也是局部变量，其作用域是在函数执行期内。

局部变量的作用域仅限于定义它的函数体或语句块中，任意一个函数都不能访问其他函数中定义的局部变量。在所有函数之外定义的变量称为全局变量，它可以在多个函数中被引用。因此，在不同的函数之间可以定义同名的局部变量，虽然同名但却代表不同的变量，不会发生命名冲突。

局部变量只能在声明它的函数内部访问，而全局变量可以在整个程序范围内访问。全局变量是定义在函数外的变量，它拥有全局作用域。全局变量可作用于程序中的多个函数，但通常意义上，其在各函数内部只是可访问的、只读的，其使用是受限的。

```
def fun5():
    a=3
    b=6
    print("a={},b={}".format(a, b))

a=15
b=100
print("a={},b={}".format(a, b))
fun5()
print("a={},b={}".format(a, b))
```

程序的运行结果如下：

```
a=15,b=100
a=3,b=6
a=15,b=100
```

全局变量 a 和变量 b，与 fun5 函数内部的局部变量 a 和 b，在不同的作用域，是不同的值。

5.7.2 global 语句

全局变量不需要在函数内定义即可在函数内部读取。当在函数内部给变量赋值时，该变量被 Python 视为局部变量，如果在函数中先访问全局变量，再在函数内声明与全局变量同名的局部变量的值，程序也会报告异常。为了在函数内部能读写全局变量，Python 提供了 global 语句，用于在函数内部声明全局变量。

把上面的程序进行修改，把函数体中的变量 a 使用 global 关键字进行声明，执行的结果会发生变化。代码如下所示：

```
def fun5():
    global a
    a=3
    b=6
    print("a={},b={}".format(a, b))

a=15
b=100
print("a={},b={}".format(a, b))
fun5()
print("a={},b={}".format(a, b))
```

程序的运行结果如下：

```
a=15,b=100
a=3,b=6
a=3,b=100
```

例 5-13 global 语句的应用示例。

程序如下：

```
M=100
def glob(x,y):
    global M
    print(M)
    M=90
    sum=M+x+y
    return sum

print(glob(10,11))
print(M)
```

程序的运行结果如下：

```
100
111
90
```

因为在函数内部使用了 global 语句进行声明，所以代码中使用到的 M 都是全局变量。需要说明的是，虽然 Python 提供了 global 语句，使在函数内部可以修改全局变量的值，但从软件工程的角度来看，这种方式降低了软件质量，使程序的调试、维护变得困难，因此不建议在函数中修改全局变量或函数参数中的可修改对象。

Python 中还增加了 nonlocal 关键字，也用于声明全局变量，但其主要应用在一个嵌套的函数中，用于修改嵌套作用域中的变量。例如：

```
def nonloca():
    a=5
    def funx():
        a=10
    funx()
    print(a)
nonloca()
```

程序的运行结果如下：

```
5
```

上面代码是函数的嵌套定义，外层函数为 nonloca( )，内层函数为 funx( )。nonloca( )函数中定义了一个变量为 a，而在内层函数 funx( )中也定义了一个变量 a，两个变量的作用域不同，其实就是两个相同名称的不同变量，因此在外层函数 nonloca( )中输出的变量 a 的值为 5。

如果想在 funx( )中修改外层变量 a 的值，可以在 funx( )中使用关键字 nonlocal 对 a 进行声明。代码如下所示：

```
def nonloca():
    a=5
    def funx():
        nonlocal a
        a=10
    funx()
    print(a)
nonloca()
```

程序的运行结果如下：

```
10
```

通过两段代码运行结果的比较，内层函数使用关键字 nonlocal 修改了外层函数 nonloca( )中 a 的值，实现了内外层变量 a 的统一。

5.8 lambda 函数

lambda 关键字用来在同一行内创建函数，这个函数称为匿名函数，也称 lambda 函数，即没有实际名称的函数。lambda 表达主体仅是一个表达式而不需要使用代码块。该函数实质上是一个 lambda 表达式，是不需要使用 def 关键字定义的函数。lambda 函数的语法格式如下：

```
lambda [parameters]:<expression>
```

其中，parameters 是可选的参数表，通常是以逗号分隔的变量或表达式，即位置参数；expression 是函数表达式，该表达式不能包含分支或循环语句。expression 表达式的值作为 lambda 函数的返回值。

lambda 函数适合处理不需要在其他位置复用代码的函数逻辑，可以省去函数的定义过程且不需要考虑函数的命名，让代码更简洁、可读性更好。lambda 函数可以很方便地应用于函数式编程中。

例如，输入两个数，输出它们的积 xy，自定义函数如下：

```
def  funn(x,y):
return x*y
```

使用 lambda 函数来实现，即

```
f=lambda x,y: x*y
```

函数对象名可以作为函数直接调用，如

```
f=lambda x, y: x*y
print(f(2.5,8)
20.0
```

例 5-14 应用 lambda 函数求两个数的立方和，以及算术平方根之和。

程序如下：

```
import math
f1=lambda a,b:a**3+b**3
```

```
f2=lambda a,b:math.sqrt(a)+ math.sqrt(b)
print(f1(2,5))
print(f2(4,16))
```

程序的运行结果如下：

```
133
6.0
```

例 5-15 随机生成应用一个列表，使用 lambda 函数将列表中的元素按照绝对值升序排序。

```
import random
list1=[random.randint(-19,19) for i in range(8)]
print("列表为：\n",list1)
list2=sorted(list1,key=lambda x:abs(x))
print("列表按绝对值升序排序：\n",list2)
```

程序的运行结果如下：

```
列表为：
 [-19, -11, -9, -18, -17, 4, -10, 0]
列表按绝对值升序排序：
 [0, 4, -9, -10, -11, -17, -18, -19]
```

5.9 程序实例

例 5-16 编写一个函数，功能是计算传入列表的最大值、最小值和平均值，然后调用该函数。

程序如下：

```
import random
def funct(x):
    return max(x),min(x),sum(x) /len(x)

list1=[random.randint(0, 100) for i in range(10)]
print(list1)
x,y,z=funct(list1)
print("最大值是{},最小值是{},平均值是{}".format(x,y,x))
```

程序的运行结果如下:

```
[95, 71, 71, 80, 40, 61, 16, 43, 19, 54]
最大值是 95,最小值是 16,平均值是 55
```

程序执行后，首先引用了 random 模块，Python 中的 random 模块用于生成随机数，它提供很多函数，其中 random.randint(a,b)返回一个随机整数 N，N 的取值为[a,b]。需要注意的是，a 和 b 的取值必须为整数，并且 a 的值一定要小于 b 的值。funct 函数中的 return 语句返回一个元组类型来间接达到返回多个值。返回的元组可以省略括号，而多个变量可以同时接收一个组，按位置赋予对应的值，函数返回多个值其实就是返回一个元组。

例 5-17 求 1!+2!+3!+…+10!的值。

程序如下：

```
def fact1(n):
    x=1
    for i in range(2, n+1):
        x*=i
    return x
print(sum(fact1(i) for i in range(1, 11)))
```

程序的运行结果如下：

```
4037913
```

分析：这是一个求和的问题，为了简化程序，先编写求阶乘的函数 fact1，然后调函数，使程序的结构化程度提高。

Python 自带的 math 库包含阶乘函数 factorial，使用 factorial 函数修改程序。

```
import math
print(sum(math. factorial(i) for i in range(1, 11)))
```

例 5-18 按每行 10 个数输出 100～200 的素数及个数。

程序如下:

```
def isprime(n):
    for i in range(2,n):
        if(n%i==0):
            return False
    else:
            return True
k=0
```

```
    for i in range(100,201):
        if isprime(i):
            print(i,end=' ')
            k+=1
            if k%10==0:print()
    print('\n100-200之间共有{}个素数。'.format(k))
```

程序的运行结果如下：

```
101 103 107 109 113 127 131 137 139 149
151 157 163 167 173 179 181 191 193 197
199
100-200之间共有21个素数。
```

分析：

1）首先编写求素数的函数 isprime。判断数 n 是否为素数的算法是使用 for 循环遍历 2～n-1 的序列，用这个数 n 去除这个序列中的每一个值，如果遇到其中有一个数能被 n 整除，也就是判断 n%i==0 为真，则函数体通过 return 语句返回值为 False，否则返回值为 True。

2）主程序使用 for 循环遍历 100～200 的序列，调用 isprime 函数，如果函数值为 True，则输出这个素数。

3）程序中通过判断表达式 k%10==0 为真，输出一个换行，实现每输出 10 个数据换一行。

小　　结

本章主要介绍了函数的定义、调用、参数等内容。函数方便调用，可以很好地实现程序的模块化。函数使用 def 关键字进行定义，在定义函数时，参数表中的参数称为形参，形参可以分为位置参数、赋值参数、可变参数等类型。

一个函数调用自身称为递归调用。如果一个内部函数引用了外部函数作用域的变量，则该内部函数称为闭包。lambda 函数是 Python 中的匿名函数，该函数实质上是一个 lambda 表达式，不再需要使用 def 关键字进行定义。

变量可以分为局部变量和全局变量，其作用域与变量是基本数据类型还是组合数据类型有关。Python 提供了 global 语句，用于在函数内部声明全局变量。请读者结合本书中的示例深入领会函数的使用，掌握常用的内置函数。

习　题

一、选择题

1. 下列程序的输出结果是（　　）。

```
f=lambda x:5
    f(3)
```

A. 3　　B. 5

C. 3 5　　D. 35

2. 关于下列代码的描述中，正确的是（　　）。

```
def func(a,b):
    c=a**2+b
    b=a
    return c
a=1
b=2
```

A. 执行该函数后，变量 c 的值为 3

B. 该函数名称为 fun

C. 执行该函数后，变量 c 的值为 2

D. 执行该函数后，变量 b 的值为 4

3. Python 中定义函数的关键字是（　　）。

A. class　　B. def

C. function　　D. defun

4. 下列关于 Python 中函数的说法错误的是（　　）。

A. 函数的形参不需要声明其类型

B. 函数没有接收参数时，圆括号可以省略

C. 函数体部分的代码要和关键字 def 保持一定的缩进

D. 函数可以有 return 语句，也可以没有 return 语句

5. 下列程序的输出结果是（　　）。

```
def func(a,b=4,c=5):
    print(a,b,c)
func(1)
```

A. 1　2　5　　B. 1　4　5

C. 2　4　5　　D. 1　2　0

6. 下列关于 Python 函数的描述中，正确的是（　　）。
   A. 函数 eval( )可以用于数值表达式的求值，如 eval("2*3+1")
   B. Python 中，def 和 return 是函数必须使用的保留字
   C. Python 函数定义中没有对参数指定类型，这说明参数在函数中可以作为任意类型使用
   D. 一个函数中只允许有一条 return 语句
7. 下列关于递归函数的描述中，错误的是（　　）。
   A. 递归函数必须有一个明确的结束条件
   B. 递归函数就是一个函数在内部调用自身
   C. 递归效率不高，递归层次过多会导致栈溢出
   D. 每进入更深一层的递归时，问题规模相对于前一次递归是不变的
8. 下列关于函数的描述中，正确的是（　　）。
   A. 函数的实参和形参必须同名
   B. 函数的形参既可以是变量也可以是常量
   C. 函数的实参不可以是表达式
   D. 函数的实参可以是其他函数的调用
9. 下列程序的运行结果是（　　）。

```
s="hello"
def setstr():
    s="hi"
    s+="world"
setstr()
print(s)
```

   A. hi　　　　B. hello
   C. hiworld　　　　D. helloworld
10. 下列关于 Python 函数参数的描述中，错误的是（　　）。
   A. Python 实行按值传递参数，值传递指调用函数时将常量或变量的值传递给函数的参数
   B. 实参与形参分别存储在各自的内存空间中，是两个不相关的独立变量
   C. 在函数内部改变形参的值时，实参的值一般是不会改变的
   D. 实参与形参的名称必须相同

二、填空题

1．使用递归方式计算 10 的阶乘，需要自我调用________次。

2．f=lambda x,y : y//x，那么语句 print(f(5,11))的结果为________。

3．根据变量的作用域，可以将变量分为________和全局变量。

4．使用关键字________可以在一个函数中设置一个全局变量。

5．函数定义时确定的参数为________。

第 6 章　Python 的文件操作

本章介绍 Python 的文件操作，重点包括文件的概念、文件的读/写操作、文件的目录管理等内容。Python 程序可以从文件中读取数据，也可以向文件中写入数据。文件被广泛应用于用户和计算机的数据交换。用户在文件处理过程中可以操作文件内容，也可以管理文件目录。

6.1　文件的相关概念

文件是数据的集合，以文本、图像、音频、视频等形式存储在计算机的外部介质上。文件可以分为文本文件和二进制文件两种不同的存储格式。

6.1.1　文本文件和二进制文件

文本文件由字符组成，其内容方便查看和编辑，以.py 为扩展名的 Python 源文件、以.html 为扩展名的网页文件等都是文本文件。文本文件可以由多种编辑软件创建、修改和阅读，常见的软件有记事本、UltraEdit 等。

由 0 和 1 组成的二进制编码存储的文件是二进制文件。二进制文件内部数据的组织格式与文件用途有关。文本文件和二进制文件，都可以用不同的方式打开，但打开后的操作是不同的。

6.1.2　文本文件的编码

编码是用数字来表示符号和文字的方法，是符号、文字存储和显示的基础。计算机有多种编码方式。

最早的编码方式是 ASCII 码，随着信息技术的发展，汉语、日语、阿拉伯语等不同语系的文字均需要进行编码，于是又有了 UTF-8、GB 2312、GBK、Unicode 等格式的编码。Python 程序读取文件时，一般需要指定读取文件的编码方式，否则程序运行时可能出现异常。

UTF-8 编码是国际通用的编码方式，用 8 位（1 字节）表示英语（兼容 ASCII 码），用 24 位（3 字节）表示中文及其他语言，UTF-8 对全世界所有国家使用的字符进行了编码。UTF-8 编码格式在任何语言平台（如中文操作系统、英文操作系统、日文操作系统等）下都可以正常显示，Python 语言源代码默认的编码方式是 UTF-8。

GB 2312 编码是中国制定的中文编码，用 1 字节表示英文字符，用 2 字节表示汉字字符。GBK 是对 GB 2312 的扩充。Unicode 是国际标准化组织制定的可以容纳世界上所有文字和符号的字符编码方案，它是编码转换的基础。编码转换时，先把一种编码的字符串转换成 Unicode 编码的字符串，然后转换成其他编码的字符串。

就汉字编码而言，GBK 编码的 1 个汉字占 2 字节空间，UTF-8 编码的 1 个汉字占 3 字节空间。

6.1.3　文件指针的概念

文件指针是文件操作的重要概念，Python 用指针表示当前读/写位置。在文件读/写过程中，文件指针的位置是自动移动的，可以使用 tell( )方法测试文件指针的位置，使用 seek( )方法移动指针。以只读方式打开文件时，文件指针指向文件开头；向文件中写数据或追加数据时，文件指针指向文件末尾。通过设置文件指针的位置，可以实现文件的定位读/写。

6.2　文件的打开与关闭

在 Python 中，无论是读取文件内容还是写入文件内容，都需要先打开文件，使用结束后再关闭文件。

6.2.1　打开文件

Python 用内置的 open 函数来打开文件，open 函数有许多参数。在官方文档中，open 函数的定义如下：

```
    open(file,mode='r',  buffering=-1,  encoding=None,  errors=None,
newline=None, closefd=True, opener=None)
```

从函数定义中可以看到，open 函数只有 file 参数是必须传递的，其他参数都有默认值。open 函数的参数 mode 十分重要，它指明了要以何种方式打开文件。使用不同的方式打开文件，即使操作相同，产生的效果也会有所不同。模式“r”是指以只读的方式打开文件，只能阅读，不能进行写操作。mode 为文件读/写模式，指明将要对文件采取的操作。文件读/写模式如表 6-1 所示。

表 6-1　文件读/写模式

模式	描述
r	以只读模式打开文件，默认值。以该模式打开的文件必须存在，如果不存在，将报告异常
r+	打开一个用于读/写的文件。以该模式打开的文件必须存在，如果不存在，将报告异常
w	以写模式打开文件。文件如果已存在，则清空内容后重新创建文件
w+	以读/写模式打开文件。文件如果已存在，则清空内容后重新创建文件
a	以追加的方式打开文件，写入的内容追加到文件尾。以该模式打开的文件如果已经存在，不会清空，否则新建一个文件
rb	以二进制读模式打开文件，文件指针将会指向文件开头
wb	以二进制写模式打开文件，只用于写入
ab	以二进制追加模式打开文件
rb+	以二进制读/写模式打开文件，文件指针将会指向文件开头
wb+	以二进制读/写模式打开文件。如果该文件已存在，则将其覆盖；如果该文件不存在，则创建新文件
ab+	以二进制读/写模式打开文件。如果该文件已存在，则文件指针将会指向文件结尾；如果该文件不存在，则创建新文件用于读/写

Python 在读写文件时会区分二进制和文本两种方式。如果以二进制方式打开文件，内容将作为字节对象返回，不会对文件内容进行任何解码；如果以文本方式打开文件，内容将作为字符串 str 类型返回，文件内容会根据平台相关的编码或指定“encoding”的参数进行解码。

例 6-1　以不同模式打开文件。

程序如下：

```
#默认以只读方式打开，文件不存在时报告异常
file1=open("text.txt")
file1=open("readme.txt")
FileNotFoundError: [Errno 2] No such file or directory: 'readme.txt'
#以只读方式打开
file2=open("text",'r')
#以读/写模式打开，指明文件路径
file3=open("D:\\python\\a.py","w+")
#以读/写模式打开二进制文件，指明文件路径
file4=open("D:\\python\\3058.jpg","ab+")
```

6.2.2　关闭文件

close( )方法用于关闭文件。通常情况下，Python 操作文件时，使用内存缓冲区缓存

文件数据。关闭文件时，Python 将缓存的数据写入文件，然后关闭文件，释放对文件的引用。下面的代码将关闭文件：

```
file.close()
```

flush( )方法可将缓冲区内容写入文件，但不关闭文件。

```
file.flush()
```

6.3 文件的操作

当文件被打开后，根据文件的访问模式可以对文件进行读/写操作。文件操作的常用方法如表 6-2 所示。

表 6-2 文件操作的常用方法

方法	说明
read([size])	读取文件全部内容，如果给出参数 size，则读取 size 长度的字符或字节
readline([size])	读取文件的一行内容，如果给出参数 size，则读取当前行 size 长度的字符或字节
readlines([hint])	读取文件的所有行，返回行所组成的列表。如果给出参数 hint，则读取 hint 行
write(str)	将字符串 str 写入文件
writelines(seq_of_str)	写多行到文件，参数 seq_of_str 为可迭代的对象
next( )	移动到下一行
seek(n)	将指针移动到第 n 个字符的位置
tell( )	获取文件的当前位置

6.3.1 读文件数据

使用 open( )函数返回的是一个文件对象，对象有了文件，就可以开始读取其中的内容了。如果只是希望读取整个文件并保存到一个字符串中，就可以使用 read( )方法。

使用 read( )方法能够从一个打开的文件中读取内容到字符串。Python 的字符串既可以是文字，也可以是二进制数据。例如，访问的文件是当前文件夹下的文本文件 test.txt，文件内容如下：

```
Hello Python!0123456789abcdefghijklmnopqistuvwxyz
```

1. read( )方法

例 6-2 使用 read( )方法读取文本文件内容。

程序如下：

```
f=open("test.txt","r")
str1=f.read(13)
print(str1)
str2=f.read()
print(str2)
f.close()
```

程序的运行结果如下：

```
>>>
Hello Python!          #读取 13 个字符
```

Python 提供了一组读取文件内容的方法。访问当前文件夹下的文本文件 test.txt；本文件是文本文件，默认的编码格式为 ANSI。程序以只读方式打开文件，先读取 13 个字符到变量 str1 中，输出 str1 值“Hello Python!”；第 4 行的 f.read( )命令读取从文件当前指针处开始的全部内容。可以看出，随着文件的读取，文件指针在变化。

2. readline( )方法

使用 readline( )方法可以逐行读取文件内容，在读取过程中，文件指针后移。

例 6-3 使用 readline( )方法读取文本文件内容。

程序如下：

```
f=open("test.txt","r")
str1=f.readline()
while str1!="":   #判断文件是否结束
print(str1)
str1=f.readline()
f.close()
```

程序的运行结果如下：

```
Hello Python!0123456789abcdefghijklmnopqistuvwxyz
```

3. readlines( )方法

使用 readlines( )方法可以一次性读取所有行，如果文件很大，会占用大量的内存空间，读取时间也会较长。

例 6-4 使用 readlines( )方法读取文本文件内容。

程序如下：

```
f=open("test.txt","r")
flist=f.readlines()  #flist 是包含文件内容的列表
print(flist)
for line in flist:
print(line)          #使用 print(line,end="")将不显示文件中的空行
f.close()
```

程序的运行结果如下：

```
['Hello Python!0123456789abcdefghijklmnopqistuvwxyz']
Hello Python!0123456789abcdefghijklmnopqistuvwxyz
```

程序将文本文件 test.txt 的全部内容读取到列表 flist 中，这是第一部分的显示结果；为了更清晰地显示文件内容，使用 for 循环遍历列表 flist，这是第二部分的显示结果。因为原来文本文件每行都有换行符"\n"，使用 print( )语句输出时也包含了换行，所以第二部分运行时，行和行之间增加了空行。

4. 遍历文件

例 6-5 以迭代方式读取文本文件内容。

程序如下：

```
f=open("test.txt","r")
for line in f:
    print(line,end="")
f.close()
```

程序的运行结果如下：

```
Hello Python!0123456789abcdefghijklmnopqistuvwxyz
```

上面所有示例中访问的 test.txt 是一个文本文件，默认为 ANSI 编码方式。如果读取一个 Python 源文件，程序运行时将报告异常，原因是 Python 源文件的编码方式是 UTF-8。例如，打开文件 program01.py，应指定文件的编码方式，相应的代码应修改如下：

```
open("program01.py","r",encoding="utf-8")
```

6.3.2 向文件中写入数据

例 6-6 使用 write( )方法向文件中写入字符串。

程序如下：

```
fname=input("请输入追加数据的文件名:")
f1=open(fname,"w+")
f1.write("向文件中写入字符串\n")
f1.write("继续写入")
f1.close()
```

程序运行后，根据提示输入文件名，向文件中写入两行数据；如果文件不存在，则自动建立文件并写入内容。

例 6-7 使用 writelines( )方法向文件中写入序列。

程序如下：

```
f1=open("D:\\python\\data1.dat","a")
lst=["LN","ZYYDX","YXXXGCXY"]
tup1=('2019','2020','2021')
m1={"name":"John","City":"SHENYANG"}
f1.writelines(lst)
f1.writelines('\n')
f1.writelines(tup1)
f1.writelines('\n')
f1.writelines(m1)
f1.close()
```

程序运行后，在 D:\python\文件夹下生成文件 data1.dat，此文件可以用记事本打开，内容如下：

```
LNZYYDXYXXXGCXY
201920202021
nameCity
```

6.3.3 文件的定位读/写

前面介绍的文件读/写是按顺序逐行进行的。在实际应用中，如果需要读取特定位置的数据，或向特定位置写入数据，则需要移动文件的读/写位置并获取文件的当前位置。

1. 获取文件当前的读/写位置

文件的当前位置就是文件指针的位置。使用 tell( )方法可以获取文件指针的位置并返回结果。

下面示例使用的 test.txt 文件内容如下，该文件存放在当前文件夹（D:\python）下。

```
Hello Python!0123456789abcdefghijklmnopqistuvwxyz
```

例 6-8 使用 tell( )方法获取文件当前的读/写位置。

程序如下：

```
file=open("test.txt","r+")
str1=file.read(6)                   #读取 6 个字符
print(str1)
print(file.tell())                  #文件的当前位置
print(file.readline())              #从当前位置读取本行信息
print(file.tell())                  #文件的当前位置
print(file.close())
```

程序的运行结果如下：

```
Hello
6
Python!0123456789abcdefghijklmnopqistuvwxyz
49
None
```

2. 移动文件的读/写位置

文件在读/写过程中，指针会自动移动。调用 seek( )方法可以手动移动指针，其语法格式如下：

```
file.seek(offset[,whence])
```

其中，offset 是移动的偏移量，单位为字节，值为正数时向文件尾方向移动文件指针，值为负数时向文件头方向移动文件指针；whence 指定文件指针从何处开始移动，值为 0 时从起始位置开始移动，值为 1 时从当前位置开始移动，值为 2 时从结束位置开始移动。

例 6-9 使用 seek( )方法移动文件指针的位置。

程序如下：

```
file=open("test.txt","r+")
print(file.seek(6))                     #移动指针至第 6 个位置
str1=file.read(7)
print(str1)
print(file.tell())                      #移动指针至第 13 个位置
print(file.seek(6))                     #重新移动指针至第 6 个位置
print(file.write("@@@@@@@"))            #写入 7 个字符，覆盖原来的数据
print(file.seek(0))                     #指针移至第 0 个位置
print(file.readline())
```

程序的运行结果如下：

```
6
Python!
13
6
7
0
Hello @@@@@@@0123456789abcdefghijklmnopqistuvwxyz
```

6.3.4 读/写二进制文件

读/写文件的 read( )和 write( )方法也适用于二进制文件，但二进制文件只能读/写 bytes 字符串。默认情况下，二进制文件是顺序读/写的，可以使用 seek( )方法和 tell( )方法移动和查看文件的当前位置。

1. 读/写 bytes 字符串

传统字符串加前缀 b 构成了 bytes 对象，即 bytes 字符串，可以写入二进制文件。整型、浮点型、序列等数据类型如果要写入二进制文件，需要先转换为字符串，再使用 bytes( )方法转换为 bytes 字符串，之后写入文件。

例 6-10 向二进制文件读/写 bytes 字符串。

程序如下：

```
fileb=open(r"D:\\python\\data2.dat",'wb')
#以'wb'方式打开二进制文件
print(fileb.write(b"Hello Python"))
#写bytes字符串
n=123
print(fileb.write(bytes(str(n),encoding='utf-8')))
#将整数转换为bytes字符串写入文件
print(fileb.write(b"\n3.14"))
fileb.close()
file=open(r"D:\\python\\data2.dat",'rb')
#以'rb'方式打开二进制文件
print(file.read())
b'Hello Python123\n3.14'
file.close()
filec=open(r"D:\\python\\data2.dat",'r')
#以'r'方式打开二进制文件
print(filec.read())
filec.close()
```

程序的运行结果如下：

```
12
3
5
b'Hello Python123\n3.14'
Hello Python123
3.14
```

2. 读/写 Python 对象

如果直接用文本文件格式或二进制文件格式存储 Python 中的各种对象，通常需要进行烦琐的转换，此时可以使用 Python 标准模块 pickle 处理文件中对象的读/写。用文件存储程序中的对象称为对象的序列化。

pickle 是 Python 的一个标准模块，可以实现 Python 基本的数据序列化和反序列化。pickle 模块中的 dump( )方法用于序列化操作，能够将程序中运行的对象信息保存到文件中，永久存储；而 pickle 模块中的 load( )方法用于反序列化操作，能够从文件中读取对象。

例 6-11 使用 pickle 模块中的 dump( )方法和 load( )方法读/写 Python 对象。

```
lst1=["read","write","tell","seek"]                          #列表对象
dict1={"type1":"TextFile","type2":"BinaryFile"}               #字典对象
fileb=open(r"D:\\python\\data3.dat",'wb')
                                                              #写入数据
import pickle
pickle.dump(lst1,fileb)
pickle.dump(dict1,fileb)
fileb.close()
                                                              #读取数据
fileb=open(r"D:\\python\\data3.dat",'rb')
fileb.read()
b'\x80\x03]q\x00(X\x04\x00\x00\x00readq\x01X\x05\x00\x00\x00writeq
\x02X\x04\x00\x00\x00tellq\x03X\x04\x00\x00\x00seekq\x04e.\x80\x03}q\x00(
X\x05\x00\x00\x00type1q\x01X\x08\x00\x00\x00TextFileq\x02X\x05\x00\x00\
x00type2q\x03X\ n\x00\x00\x00BinaryFileq\x04u.'
fileb.seek(0)                                         #文件指针移动到开始位置
0
x=pickle.load(fileb)
y=pickle.load(fileb)
x,y
(['read','write','tell','seek'],{'type1': 'TextFile','type2':
'BinaryFile'})
```

6.4 文件和目录操作

前面介绍的文件读/写操作主要是针对文件内容的操作，而查看文件属性、复制和删除文件、创建和删除目录等属于文件和目录操作范畴。

6.4.1 常用的文件操作函数

os.path 模块和 os 模块提供了大量的操作文件名、文件属性、文件路径的函数。

1. os.path 模块常用的文件处理函数

表 6-3 所示为 os.path 模块常用的文件处理函数，其中参数 path 是文件名或目录名，文件保存位置是 D:\python\test.txt。

表 6-3 os.path 模块常用的文件处理函数

函数	说明	示例
abspath(path)	返回 path 的绝对路径	>>> os.path.abspath('test.txt') 'D:\\python\\test.txt'
dirname(path)	返回 path 的目录。与 os.path.split（path）的第一个元素相同	>>> os.path.dirname('D:\\python\\test.txt') 'D:\\ python'
exists(path)	如果 path 存在，则返回 True，否则返回 False	>>> os.path.exists('D:\\python') True
getatime(path)	返回 path 所指向的文件或目录的最后存取时间	>>> os.path.getatime('D:\\python') 1518846173.556209
getmtime(path)	返回 path 所指向的文件或目录的最后修改时间	>>> os.path.getmtime('D:\\ python]\\test.txt') 1518845768.0536315
getsize(path)	返回 path 的文件的大小（字节）	>>> os.path.getsize('D:\\python\\test.txt') 120
isabs(path)	如果 path 是绝对路径，则返回 True	>>> os.path.isabs('D:\\ python') True
isdir(path)	如果 path 是一个存在的目录，则返回 True，否则返回 False	>>> os.path.isdir('D:\\ python') True
isfile(path)	如果 path 是一个存在的文件，则返回 True，否则返回 False	>>> os.path.isfile('D:\\python') False
split(path)	将 path 分隔成目录和文件名二元组并返回	>>> os.path.split("D:\\python\\test.txt') ('D:\\python','test.txt')
splitext(path)	分离文件名与扩展名，默认返回（fname, fextension）元组，可用于分片操作	>>> os.path.splitext('D:\\python\\test.txt') ("D:\\python"\\test','.txt')

2. os 模块常用的文件处理函数

表 6-4 所示为 os 模块常用的文件处理函数，其中参数 path 是文件名或目录名，文件保存位置是 D:\python\test.txt。

表 6-4　os 模块常用的文件处理函数

函数	说明
os.getcwd( )	当前 Python 脚本的工作路径
os.listdir(path)	返回指定目录下的所有文件名和目录名
os.remove(file)	删除参数 file 指定的文件
os.removedirs(path)	删除指定目录
os.rename(old,new)	将文件 old 重命名为 new
os.mkdir(path)	创建单个目录
os.stat(path)	获取文件属性

6.4.2　文件的复制、删除与重命名操作

1. 复制文件

无论是二进制文件还是文本文件，文件读/写都是以字节为单位进行的。在 Python 中复制文件时，可以使用 read( )与 write( )方法编程来实现，还可以使用 shutil 模块中的函数实现。shutil 模块是一个文件、目录的管理接口，该模块的 copyfile( )函数可以实现文件的复制。

例 6-12　使用 shutil.copyfile( )函数复制文件。

```
>>> import shutil
>>> shutil.copyfile("test.txt",'testb.py')
'testb.py'
```

以上代码执行时，如果源文件不存在，将报告异常。

2. 删除文件

可以使用 os 模块中的 remove( )函数实现文件的删除操作，编程时可以使用 os.path.exists( )函数来判断删除的文件是否存在。

例 6-13　删除文件。

```
import os,os.path
fname=input("请输入需要删除的文件名:")
if os.path.exists(fname):
```

```
        os.remove(fname)
    else:
        print("{}文件不存在".format(fname))
```

3. 重命名文件

可以通过 os 模块中的 rename( )函数实现文件的重命名操作。例 6-14 提示用户输入要更名的文件名，如果文件不存在，将退出程序；还需要输入更名后的文件名，如果该文件名已存在，也将退出程序。

例 6-14 重命名文件。

```
import os,os.path,sys
fname=input("请输入需要更名的文件:")
gname=input("请输入更名后的文件名:")
if not os.path.exists(fname):
print("{}文件不存在".format(fname))
sys.exit(0)
elif os.path.exists(gname):
print("{}文件已存在".format(gname))
sys.exit(0)
   else:
 os.rename(fname,gname)
print("rename success")
```

6.4.3 文件的目录操作

目录即文件夹，是操作系统用于组织和管理文件的逻辑对象。在 Python 程序中常见的目录操作包括创建目录、重命名目录、删除目录和查看目录中的文件等内容。

例 6-15 目录操作的命令的应用示例。

```
import os
os.getcwd()                                   #查看当前目录
'C:\\Program Files\\Python37'>>> os.listdir()     #查看当前目录中的文件
['DLLs', 'Doc', 'include', 'Lib', 'libs', 'LICENSE.txt', 'NEWS.txt',
'python.exe', 'python3.dll', 'python37.dll', 'pythonw.exe', 'Scripts', 'tcl',
'test.txt', 'Tools', 'vcruntime140.dll']
os.mkdir('file1')                             #创建目录
os.makedirs('file2/f1/f2')                    #创建多级目录
os.rmdir('file1')                             #删除目录(目录必须为空)
os.removedirs('file2/f1/f2')                  #直接删除多级目录
os.makedirs('file3/ff1/ff2')                  #创建多级目录
```

```
import shutil
shutil.rmtree('file3')                              #删除存在内容的目录
```

6.5 使用 CSV 文件格式读/写数据

逗号分隔值（comma-separated values，CSV）格式是一种通用的、相对简单的文本文件格式，被广泛应用于商业和科学领域，主要用于在程序之间交换数据。

6.5.1 CSV 文件简介

1. CSV 文件的概念和特点

CSV 文件是一种文本文件，由任意数目的行组成，一行称为一条记录。记录间以换行符分隔；每条记录由若干数据项组成，这些数据项称为字段。字段间用逗号分隔，也可以使用制表符或其他符号进行分隔。

CSV 格式的文件一般使用.csv 为扩展名，可以通过 Windows 操作系统平台上的记事本、Excel 或 WPS 软件打开，也可以在其他操作系统平台上用文本编辑工具打开。常用的表格数据处理工具（如 Excel 或 WPS）可以将数据另存或导出为 CSV 格式，用于不同工具间的数据交换。

2. 建立 CSV 文件

CSV 文件是纯文本文件，可以使用记事本按照 CSV 文件的规则来建立。更方便地建立 CSV 文件的方法是使用 Excel 或 WPS 软件输入数据，另存为 CSV 文件即可。本节示例使用的 score.csv 文件内容如下，该文件保存在用户的工作文件夹下。

```
Name,class,Score(Eng),Score(Math),Score(Chinese)
李明,一班,90,72,83
王晓,二班,85,54,71
邓丽,三班,45,68,79
```

3. Python 的 csv 库

Python 提供了一个读/写 CSV 文件的标准库 csv，可以通过 import csv 语句导入。csv 库包括操作 CSV 文件最基本的功能，典型的函数是 csv.reader( )和 csv.writer( )，用于读/写 CSV 文件。

因为 CSV 文件格式相对简单，所以读者可以自行编写操作 CSV 文件的函数。

6.5.2 读/写 CSV 文件

1. 数据的维度描述

CSV 文件主要用于数据的组织和处理。根据数据表示的复杂程度和数据间关系的不同，可以将数据划分为一维数据、二维数据、多维数据和高维数据等类型。

一维数据即线性结构的数据，也称线性表，表现为 n 个数据项组成的有限序列。这些数据项之间体现为线性关系，即除序列中第一个元素和最后一个元素外，序列中的其他元素都有一个前驱和一个后继。在 Python 中，可以用列表、元组等描述一维数据。下面是对一维数据的描述：

```
lst1=['a','z','1',100]
tup1=(1,3,5,7,9)
```

二维数据也称为关系，用表格方式组织。使用列表和元组描述一维数据时，如果一维数据中的每个数据项又是序列，就构成了二维数据。下面是用列表描述的二维数据：

```
lst2=[[1,2,3,4],['a','b','c'],[-1,-50,100]]
```

更典型的二维数据用表来描述，如表 6-5 所示。

表 6-5　二维数据

Name	Class	Score（Eng）	Score（Math）	Score（Chinese）
李明	一班	90	72	83
王晓	二班	85	54	71
邓丽	三班	45	68	79

二维数据可以理解为特殊的一维数据，更适合用 CSV 文件存储。多维数据是二维数据的扩展。高维数据由键值对类型的数据构成，采用对象方式组织，属于维度更高的数据组织方式。

下面是用集合组织的多维数据。

```
    tup2=(((1,2,3),(-1,-2,-3),('a','b','c')),((-100,-200),('ab',
'bc')))
```

高维数据以键值对方式的表示如下所示：

```
"成绩单":[
        {"姓名":"李明",
        "班级":"一班",
        "Score(Eng)":"90"
        }
```

```
{"姓名":"王晓",
"班级":"二班",
"Score(Math)":"54"
}
{"姓名":"邓丽"
"班级":"三班",
"Score(Chinese)":"79"
}
]
```

其中，数据项 Score 可以进一步用键值对形式描述，形成复杂的高维数据。

2. 写入和读取一维数据

用列表变量保存一维数据，可以将列表项转换为字符串的逗号分隔形式（使用字符串的 join( )方法），再通过文件的 write( )方法保存到 CSV 文件中。读取 CSV 文件中的一维数据，即读取一行数据，使用文件的 read( )方法即可，也可以将文件的内容读取到列表中。

例 6-16 将一维数据写入 CSV 文件，并读取。

程序如下：

```
#向 CSV 文件中写入一维数据并读取
lst1=["name","age","school","address"]
filew=open('asheet.csv','w')
filew.write(",".join(lst1))
filew.close()
filer=open('asheet.csv','r')
line=filer.read()
print(line)
filer.close()
```

程序的运行结果如下：

```
name,age,school,address
```

3. 写入和读取二维数据

csv 库中的 reader( )和 writer( )函数提供了读/写 CSV 文件的操作功能。需要注意的是，在写入 CSV 文件的函数中，指定 newline=""选项可以防止向文件中写入空行。在例 6-17 的代码中，在文件操作时使用 with 上下文管理语句，当文件处理完毕后，将会自动关闭。

例 6-17 CSV 文件中二维数据的读/写。

程序如下：

```
 #使用csv库写入和读取二维数据
datas=[['Name','Class','Score(Eng)','Score(Math)','Score(Chinese)'],
   ['李明','一班',90,72,83],
   ['王晓','二班',85,54,71],
   ['邓丽','三班',45,68,79]
   ]
import csv
filename='bsheet.csv'
with open(filename,'w',newline="") as f:
    writer=csv.writer(f)
    for row in datas:
     writer.writerow(row)
ls=[]
with open(filename,'r') as f:
    reader=csv.reader(f)
    #print(reader)
    for row in reader:
     print(reader.line_num,row)                    #行号从1开始
     ls.append(row)
 print(ls)
```

程序的运行结果如下：第一部分是逐行输出二维数据，并输出行号；第二部分输出的是列表。

```
1 ['Name', 'Class', 'Score(Eng)', 'Score(Math)', 'Score(Chinese)']
2 ['李明', '一班', '90', '72', '83']
3 ['王晓', '二班', '85', '54', '71']
4 ['邓丽', '三班', '45', '68', '79']
[['Name', 'Class', 'Score(Eng)', 'Score(Math)', 'Score(Chinese)'], ['李明', '一班', '90', '72', '83'], ['王晓', '二班', '85', '54', '71'], ['邓丽', '三班', '45', '68', '79']]
>>>
```

上面的结果中包括了列表的符号，也包括了数据项外面的引号。下面进行进一步的处理。

例 6-18 处理 CSV 文件的数据，显示整齐的二维数据。

程序如下：

```
 #使用内置csv模块写入和读取二维数据
datas=[['Name','Class','Score(Eng)','Score(Math)','Score(Chinese)'],
```

```
    ['李明','一班',90,72,83],
    ['王晓','二班',85,54,71],
    ['邓丽','三班',45,68,79]
    ]
import csv
filename='bsheet.csv'
str1=''
with open(filename,'r') as f:
 reader=csv.reader(f)
#print(reader)
 for row in reader:
   for item in row:
     str1+=item+'\t'                    #增加数据项间距
   str1+='\n'                           #增加换行
   print(reader.line_num,row)           #行号从 1 开始
 print(str1)
```

程序的运行结果如下：

```
1 ['Name', 'Class', 'Score(Eng)', 'Score(Math)', 'Score(Chinese)']
2 ['李明', '一班', '90', '72', '83']
3 ['王晓', '二班', '85', '54', '71']
4 ['邓丽', '三班', '45', '68', '79']
Name Class    Score(Eng)  Score(Math) Score(Chinese)
李明  一班 90  72  83
王晓  二班 85  54  71
邓丽  三班 45  68  79

>>>
```

6.6 文件操作的应用

6.6.1 为文本文件添加行号

为文本添加行号的基本思路是，遍历文件的每行，然后使用 enumerate( )函数读取一行并添加行号后，再写入新文件中。enumerate( )函数的功能是为一个可遍历的数据对象（如列表、元组或字符串）构建一个索引序列，同时列出数据和索引，通常用在 for 循环中。

例 6-19 使用 enumerate( )函数遍历文本文件并添加行号。

```
filename=input("请输入要添加行号的文件名：")
filename2=input("请输入新生成的文件名：")
sourceFile=open(filename,'r',encoding="utf-8")
targetFile=open(filename2,'w',encoding="utf-8")
linenumber=""
for(num,value) in enumerate(sourceFile):
 if num<9:
  linenumber='0'+str(num+1)
 else:
  linenumber=str(num+1)
 str1=linenumber+"   "+value
 print(str1)
 targetFile.write(str1)
sourceFile.close()
targetFile.close()
```

程序的运行结果如下：

```
请输入要添加行号的文件名：
```

6.6.2 建立日志的程序

例 6-20 使用交互方式建立日志文件。

程序如下：

```
from datetime import datetime
filename=input("请输入日志文件名：")
file=open(filename,'a')
print("请输入日志，exit 结束")
s=input("log:")
while s.lower()!="exit":
    file.write("\n"+s)
    file.write("\n----------------------\n")
    file.flush()
    s=input("log:")
file.write("\n====="+str(datetime.now())+"=====\n")
file.close()
```

程序运行，提示用户输入日志文件名。之后，显示输入日志提示，当输入 exit 后，结束本次日志输入，退出 while 循环，在日志末尾添加本次日志输入的日期和时间。为了使日志显示清晰，向文件中写入数据时加入了换行符"\n"。

某一次的程序的运行结果如下：

```
>>>
请输入日志文件名：mylog.txt
请输入日志，exit 结束
log:继续输入新的日志
log:程序运行正常，日志内容追加
log:测试完毕
log:exit
>>>
```

生成的日志文件用记事本打开，如图 6-1 所示。

```
mylog.txt - 记事本
文件(F) 编辑(E) 格式(O) 查看(V) 帮助(H)

继续输入新的日志
----------------------

程序运行正常，日志内容追加
----------------------

测试完毕
----------------------

=====2021-09-05 23:06:58.896979=====

第 1 行，第 1 列    100%    Windows (CRLF)    ANSI
```

图 6-1　生成的日志文件

6.6.3　数据序列化的实现

序列化操作可以保存程序运行中的对象，方便恢复对象状态。在例 6-21 中，使用字典对象保存了模块名称、创建时间、模块功能等数据项，再将字典添加到列表中；之后，使用 pickle 模块中的 dump( )函数将列表写入文件；最后读取文件，并打印列表和字典等信息。

为了能在文件中写入日期，导入了 date 和 datetime 模块。为了简化程序，未处理日期格式。

例 6-21 使用序列化操作保存列表和字典中的对象。

程序如下：

```
from datetime import date,datetime
import pickle
def saveData():
  '''
  使用字典保存模块名称、创建时间和模块功能等信息
  使用列表保存多个模块信息
  '''
  modules=[]
  m1={"name":"登录注册","描述":'使用字典保存模块名称、创建时间和模块功能信息'}
  m2={"name":"订单管理","日期":date(2021,8,20),"描述":'订单管理模块实现的是订单数据的输入、追加、修改和删除等功能'}
  m3={"name":"客户管理","日期":datetime.now(),"描述":'使用字典保存模块名称、创建时间和模块功能信息'}
  modules.append(m1)
  modules.append(m2)
  modules.append(m3)
  file=open("minfo.data","ab")
  pickle.dump(modules,file)
  file.close()
  print("数据写入成功\n")
  file=open("minfo.data","rb")
  lst1=pickle.load(file)
  for item in lst1:
    print(item)
  file.close()
  print("\n 数据读取结束")
saveData()    #调用函数
```

程序的运行结果如下：

```
数据写入成功

{'name': '登录注册', '描述': '使用字典保存模块名称、创建时间和模块功能信息'}
{'name': '订单管理', '日期': datetime.date(2021, 8, 20), '描述': '订单管理模块实现的是订单数据的输入、追加、修改和删除等功能'}
{'name': '客户管理', '日期': datetime.datetime(2021, 9, 5, 23, 17, 19, 672846), '描述': '使用字典保存模块名称、创建时间和模块功能信息'}
```

```
数据读取结束
>>>
```

小　结

本章介绍了文件的概念、打开文件和关闭文件的方法、文本文件的读/写操作、二进制文件的读/写操作、文件和目录的操作等内容。

文件可以分为文本文件和二进制文件两种存储形式。执行文件操作时需要先使用 open( )方法打开文件，结束后再使用 close( )方法关闭文件。文件的读操作使用 read( )系列方法，文件的写操作使用 write( )系列方法，文件的定位读/写使用 tell( )方法和 seek( )方法。

查看文件属性、复制和删除文件、创建和删除目录等属于文件和目录操作范畴，需要使用 os 模块和 os.path 模块中的函数。

习　题

一、选择题

1．下列选项中，不是 Python 文件打开的合法模式组合是（　　）。

A．"br+"　　B．"wr"
C．"k"　　D．"wb"

2．下列选项中，不是 Python 文件二进制打开模式的合法组合是（　　）。

A．"b"　　B．"x+"
C．"ab"　　D．"wb"

3．下列选项中，不是 Python 对文件的读操作方法的是（　　）。

A．read　　B．readline
C．readtext　　D．readlines

4．下列选项中，不是 Python 对文件的打开模式的是（　　）。

A．"w"　　B．"r"
C．"w+"　　D．"c"

5．下列选项中，不是 Python 对文件的写操作方法的是（　　）。

A．writelines　　B．write
C．write 和 seek　　D．writetext

6．下列选项中，Python 文件操作中以二进制格式打开一个文件用于只读的合法模式组合是（　　）。

A．b( )　　　　B．rb( )

C．r( )　　　　D．rb+( )

7．下列选项中，不是 Python 文件处理 seek( )方法的参数的是（　　）。

A．0　　　　B．1

C．2　　　　D．-1

8．下列选项中，Python 文件操作 open 函数中默认的访问方式是（　　）。

A．"r"　　　　B．"a"

C．"+"　　　　D．"w"

9．下列选项中，Python 文件操作中以二进制格式打开一个文件只用于写入的合法模式组合是（　　）。

A．"w"　　　　B．"wb"

C．"wb+"　　　　D．"b"

10．关于 Python 对文件的处理，下列选项中描述错误的是（　　）。

A．当文件以文本方式打开时，按照字节流方式进行读写

B．Python 能够以文本和二进制两种方式处理文件

C．Python 通过解释器内置的 open( )函数打开一个文件

D．文件使用结束后要用 close( )方法关闭，释放文件的使用授权

二、填空题

1．执行文件操作需要先使用________方法打开文件，结束后再使用 close( )方法关闭文件。

2．Python 内置函数________用来打开或创建文件并返回文件对象。

3．使用________关键字可以自动管理文件对象，不论因何种原因结束，该关键字中的语句块都能保证文件被正确关闭。

4．Python 中默认的打开模式是________，即以只读的方式打开文件。

5．要写入文件，必须使用________模式的方式打开文件。

第7章　异常处理

程序在运行过程中发生错误会引发异常（exception）。良好的异常处理可以让程序更加健壮，清晰的错误信息能帮助程序开发人员更快地修复问题。

Python 包含了丰富的异常处理措施，在程序中为用户提供了完善的异常处理策略。本章将详细介绍异常的相关概念及处理技术。

7.1 异常概述

1. 异常

异常即在程序执行过程中发生的影响程序正常运行的一个事件。一般情况下，异常是指在 Python 程序执行过程中由于硬件故障、软件设计错误、运行条件不满足等导致的程序错误事件，如除数为 0、引用序列中不存在的索引（即访问序列时下标越界）、文件找不到等。这些事件的发生会影响程序的正常运行。

异常是 Python 对象，表示一个错误。当 Python 脚本发生异常时需要捕获并处理它，否则程序会终止执行。所以在设计程序时，应当考虑到因为用户的输入错误或运行时的错误等导致发生的异常事件并做出相应的处理。异常处理使程序在处理异常后还能继续正常执行，不至于因异常而退出或崩溃。

程序中的错误通常分为 3 种：语法错误、逻辑错误和系统错误。语法错误通常是程序中含有不符合语法规定的语句，如关键字或符号书写错误、使用了未定义的变量、括号不配对等。含有语法错误的程序是不能通过编译的，因此程序将不能运行。程序中没有语法错误，但程序运行的结果却与预期不相符，这样的错误是逻辑错误，如数列元素引用中下标越界等。系统错误是指程序没有语法错误和逻辑错误，但程序的正常运行依赖于某些外部条件的存在，如果这些外部条件缺失，则程序将不能运行。

Python 通过面向对象的方法来处理异常，引入了异常处理的概念。一段代码在运行时如果发生了异常，则生成代表该异常的一个对象，并把它交给 Python 解释器，解释器寻找相应的代码来处理这一异常。

2. 异常举例

例 7-1 打开文件。

程序如下：

```
fr=open("/not there ","r")
```

程序的运行结果如下：

```
>>>
Traceback(most recent call last):
File"test1.py", line 1, in<module>
fr=open("/notthere","r")
FileNotFoundError: [Errno 2] No such file or directory: '/not there'
```

从运行结果可以看出，例 7-1 中的代码试图打开一个不存在的文件，程序运行之后，系统抛出 FileNotFoundError 异常。

7.2 Python 的异常类

7.2.1 标准异常类

Python 程序出现异常时将抛出一个异常类。Python 中所有的异常类的根类都是 BaseException 类，它们都是 BaseException 的直接或间接子类。大部分常规异常类的基类是 Exception 的子类。Exception 类定义在 exceptions 模块中，该模块是 Python 的内置模块，用户可以直接使用。

表 7-1 列出了 Python 中内置的标准异常类，自定义异常类都是继承于这些标准异常类的。

表 7-1 Python 中内置的标准异常类

异常名称	描述
BaseException	所有异常的基类
SystemExit	解释器请求退出
Keyboardinterrupt	用户中断执行
Exception	常规错误的基类
Stopiteration	迭代器没有更多的值
GeneratorExit	生成器（generator）发生异常来通知退出

续表

异常名称	描述
StandardError	所有的内建标准异常类的基类
ArithmeticError	所有数值计算错误的基类
FloatingPointError	浮点计算错误
OverflowError	数值运算超出最大限制
ZeroDivisionError	除（或取模）零（所有数据类型）
AssertionError	断言语句失败
AttributeError	对象没有这个属性
EOFError	没有内建输入，到达 EOF 标记
EnvironmentError	操作系统错误的基类
IOError	输入/输出操作失败
OSError	操作系统错误
WindowsError	系统调用失败
ImportError	导入模块/对象失败
LookupError	无效数据查询的基类
IndexError	序列中没有此索引（index）
KeyError	映射中没有这个键
MemoryError	内存溢出错误
NameError	未声明/初始化对象（没有属性）
UnboundLocalError	访问未初始化的本地变量
ReferenceError	弱引用（weak reference）试图访问已经被垃圾回收的对象
RuntimeError	一般的运行时错误
NotImplementedError	尚未实现的方法
SyntaxError	Python 语法错误
IndentationError	缩进错误
TabError	Tab 键和空格混用
SystemError	一般的解释器系统错误
TypeError	对类型无效的操作
ValueError	传入无效的参数
UnicodeError	Unicode 相关的错误
UnicodeDecodeError	Unicode 解码时错误

续表

异常名称	描述
UnicodeEncodeError	Unicode 编码时错误
UnicodeTranslateError	Unicode 转换时错误
Warning	警告的基类
DeprecationWarning	关于被弃用的特征的警告
FutureWarning	关于构造将来语义会有改变的警告
OverflowWarning	旧的关于自动提升为长整型（long）的警告
PendingDeprecationWarning	关于特性将会被废弃的警告
RuntimeWarning	可疑的运行时行为（runtime behavior）的警告
SyntaxWarning	可疑的语法的警告
UserWarning	用户代码生成的警告

程序在执行过程中遇到错误时会引发异常，如果程序没有捕获该异常对象，Python 解释器找不到处理异常的方法，程序就会终止执行，输出异常名称（如 IndexError）、原因和异常产生的行号等信息。异常名称实际上就是异常的类型，为了准确处理异常，需要了解常见的异常类。

7.2.2 常见的异常类

1. SystemExit 异常类

不管程序是否正常退出，都将引发 SystemExit 异常。例如，在代码中的某个位置调用了 sys.exit( )函数时将触发 SystemExit 异常。利用这个异常，可以阻止程序退出或让用户确认是否真的需要退出程序。

2. ZeroDivisionError 异常类

当除数为零时会引发 ZeroDivisionError 异常。

```
>>> x=20
>>> print(x/0)
Traceback(most recent call last):
  File "<py#18>",line 1,in <module>
    print(x/0)
ZeroDivisionError: division by zero
```

上述代码的运行结果，引发了名为 ZeroDivisionError 的异常，解释信息是 division by zero。任何数值被零除都会导致上述异常。

3. AttributeError 异常类

访问未知的对象属性时会引发 AttributeError 异常。例如，例 7-2 访问了对象不存在的属性，运行结果显示异常。

例 7-2 AttributeError 异常的应用示例。

程序如下：

```
#test2.py
class student:
    id="001"
    def display():
        pass

m=student()
m.name="xsj"
print(m.id)
print(m.name)
print(m.phone)
```

程序的运行结果如下：

```
>>>
001
xsj
Traceback(most recent call last):
  File "D:/pythonfile/xsj/test2.py",line 11,in <module>
    print(m.phone)
AttributeError: 'Person' object has no attribute 'phone'
>>>
```

上述代码中，student 类定义了一个成员变量 id，定义了一个方法 display( )。创建 student 类的对象 m 后，动态地给 student 对象 m 添加了 name 属性，然后访问它的 id、name、phone 属性，显示异常信息。因为没有定义 phone 属性，所以访问 phone 属性时就会出错。

4. IndexError 异常类

当引用序列中不存在的索引时会引发 IndexError 异常。

例 7-3 IndexError 异常的应用示例。

程序如下：

```
#test3.py
student=["liling","zhanghong","zhaoyi","xiayun"]
print(student[0])
print(student[4])
```

程序的运行结果如下：

```
>>>
Liling
Traceback(most recent call last):
  File "D:/pythonfile/xsj/test3.py",line 4,in <module>
    print(student[4])
IndexError: list index out of range
```

上述代码是通过索引访问列表中的元素。第 4 行语句执行时产生异常，报告的异常信息包括 Python 源文件的名称及路径、异常的行号、异常的类型及描述。代码“IndexError:list index out of range”表示出异常的类型及描述，即出现列表索引越界的异常。由于“print(student[4])”这条语句要求输出列表中的 index 为 4 的元素，而该程序中 index 的最大值是 3，因此产生了异常。

5. KeyError 异常类

当使用映射中不存在的键时会引发 KeyError 异常。

```
>>> student={"name":"xsj","id":001}
>>> student["name"]
'xsj'
>>> student["phone"]
Traceback(most recent call last):
  File "<py#62>",line 1,in <module>
    student["phone"]
KeyError: 'phone'
```

上述代码中，student 字典中只有 name 和 id 两个键，获取 phone 键对应的值时，显示异常信息。该提示信息表明访问了字典中没有的键 phone。

6. NameError 异常类

访问一个未声明的变量会引发 NameError 异常。

```
>>> print(phone)
Traceback(most recent call last):
  File "<py#9>",line 1,in <module>
```

```
    print(phone)
  NameError: name phone is not defined
  >>>
```

上述代码的运行结果表明 Python 解释器没有找到变量 phone，发生 NameError 异常。

7. SyntaxError 异常类

当解释器发现语法错误时会引发 SyntaxError 异常。

```
  >>>
  number=["ten","nine","eight","seven","six","five","four","three","
two","one"","zero"]
  >>> for i in number
    print(i)
  SyntaxError: invalid syntax
```

上述代码中，for 循环的后面缺少冒号，导致程序出现语法错误。SyntaxError 异常是唯一不在运行时发生的异常。该异常在编译时发生，解释器无法把脚本转换为字节代码，使程序无法执行。

其他异常类，如 IOError 异常类用于捕获由于 I/O 设备错误产生的异常。NameError、ZeroDivisionError、IndexError、KeyError 异常，可通过提高编程能力来避免，一般不建议处理这类异常，以保证程序代码尽可能简洁。

7.3 异 常 处 理

在程序执行过程中如果出现异常，会自动生成一个异常对象，该异常对象被提交给 Python 解释器，该过程称为抛出异常（抛出异常也可以由用户程序自行定义）。当 Python 解释器接收到异常对象时，会寻找处理这一异常的代码，这一过程称为捕获异常，随后进行处理，这就是异常处理的过程。

如果 Python 解释器找不到可以处理异常的方法，则运行时系统终止，应用程序退出。

Python 异常处理具有可读性、灵活性和高效率的特点。

1）Python 中将异常处理代码和正常执行的程序代码分隔开，增强了可读性。

2）Python 将各种不同的异常事件进行分类处理，也可以把多个异常统一处理，灵活性强。

3）在 Python 中，可以从 try-except 之间的代码段中快速定位异常出现的位置，提高异常处理的效率。

首先介绍如何在程序中捕获一个异常。捕捉异常通常使用 try-except 语句。

try-except 语句用来检测 try 语句块中的错误，从而让 except 语句捕获异常信息并处理。如果用户不想在异常发生时结束程序，则需要在 try 语句块中捕获它。

7.3.1 try-except 语句

Python 提供了强大的异常处理功能，使用 try-except 语句处理异常，可以准确定位异常发生的位置和原因。try-except 语句的语法格式如下：

```
try:
    语句块
except  ExceptionName1:
    异常处理代码 1
except  ExceptionName2:
    异常处理代码 2
...
```

使用 try-except 语句实现异常处理的示例如例 7-4 所示，是从键盘输入的一个整数，求 10 除以这个数的商并显示。程序对从键盘输入的数据进行异常处理。

例 7-4 异常处理的应用示例。

```
#test4.py
try:
    a=int(input("输入数据"))
    print(10/a)
except ZeroDivisionError:
    print("除数不能为 0")
except ValueError:
    print("输入的数据必须是阿拉伯数字")
```

下面分析该程序，以了解异常处理的基本过程。

1. try 语句

try 语句指定捕获异常的范围，由 try 所限定的代码块中的语句在执行过程中可能会生成异常对象并抛出。

2. except 语句

except 语句用于处理 try 代码块中生成的异常。except 语句后的参数指明它能够捕获的异常类型。except 语句块中包含异常处理的代码。

当运行程序时，如果输入的数字为 0，则程序进行异常处理，输出异常信息“除数不能为 0”；如果输入字符，则程序进行异常处理，输出异常信息“输入的数据必须是阿拉伯数字”。

当然也可以不带任何异常类型使用 except 语句，语法格式如下：

```
try:
    语句块
except:
    异常处理代码
...
```

以上方式 try-except 语句捕获所有发生的异常。但这不是一个很好的方式，我们不能通过该程序识别出具体的异常类型信息，因为它捕获所有的异常。

7.3.2 else 语句和 finally 语句

try-except 结构是异常处理的基本结构，完整的异常处理结构还可以包括 else 语句和 finally 语句。

下面介绍 else 语句和 finally 语句。其一般语法格式如下：

```
try:
    语句块
except  ExceptionName:
    异常处理代码
...                                  #except 可以有多条语句
else:
    无异常发生时的语句块
finally:
    必须处理的语句块
```

1. else 语句

异常处理中的 else 语句与循环中的 else 语句类似，若 try 语句没有捕获到任何异常信息，则不执行 except 语句块，而是执行 else 语句块。例如，对于例 7-4，当无异常发生时，输出提示信息，代码如例 7-5 所示。

例 7-5 else 语句的应用示例。

```
#test5.py
try:
    a=int(input("输入数据"))
    print(10/a)
except ZeroDivisionError:
    print("除数不能为 0")
except ValueError:
    print("输入的数据必须是阿拉伯数字")
```

```
else:
        print("程序正常结束")
```

程序的运行结果如下：

```
>>>
    输入数据 5
2.0
程序正常结束
```

例 7-5 是从键盘输入一个整数，求 10 除以它的商并显示。对从键盘输入的数进行异常处理，如果 try 语句中有异常发生，则会选择一个 except 语句块执行；如果没有异常发生，则程序正常结束，执行 else 语句块。

2. finally 语句

finally 语句为异常处理提供统一的出口，使控制流转到程序的其他部分以前，能够对程序的状态进行统一的管理。无论 try 代码块中是否发生了异常，finally 块中的语句都会被执行。

```
try:
   f=open("/tmp/output", "w")
   f.write("hello")
finally:
   print("closing file")
   f.close()
```

在上述代码中，不论 try 语句中写文件的过程是否有异常，finally 中关闭文件的操作都一定会执行。

else 语句和 finally 语句都是可选的，但 try 语句后至少要有一个 except 语句或 finally 语句。finally 语句块中的内容经常用于做一些资源的清理工作，如关闭打开的文件、断开数据库连接等。

7.4 自定义异常

异常不仅可以处理系统较常见的运行错误，还可以处理某个应用所特有的运行错误，这就需要编程人员根据程序的逻辑，创建用户自定义的异常类和异常对象。

在 Python 中，自定义的异常类需要使用 raise 语句来主动抛出异常，抛出异常主要适用于用户自定义异常。下面先介绍如何使用 raise 语句抛出并处理异常。

7.4.1 raise 语句

使用 raise 语句能显式抛出异常，语法格式如下：

```
raise 异常类                #抛出异常
raise 异常类对象            #抛出异常，创建异常类的实例对象
raise                       #重新引发刚刚发生的异常
```

第 1 种方式和第 2 种方式都会触发异常并创建异常类对象。但第 1 种方式隐式地创建了异常类的对象；而第 2 种方式是最常见的，会直接创建一个异常类的对象。第 3 种方式用于重新引发刚刚发生的异常。

1. 引发异常

（1）异常类引发异常

当 raise 语句指定异常的类名时，会创建该类的实例对象，然后引发异常。例如，下面的代码中 raise 关键字后面抛出的是 NameError 异常，一般来说抛出的异常越详细越好。

```
>>> raise NameError
```

程序的运行结果如下：

```
>>>
Traceback(most recent call last):
  File "<py#12>",line 1,in <module>
    raise NameError
NameError
```

（2）异常类的对象引发异常

通过显式地创建异常类的对象，直接使用该对象来引发异常。例如，下面的代码创建了一个 NameError 类的对象 nameerr，然后使用 raise nameerr 语句抛出异常。

```
>>> nameerr=NameError()
>>> raise nameerr
```

程序的运行结果如下：

```
>>>
Traceback(most recent call last):
  File "<py#13>",line 1,in <module>
    raise nameerr
NameError
```

2. 传递异常

捕捉到了异常，但是又想重新引发它（传递异常），这时使用不带参数的 raise 语句即可。例如，例 7-6 实现了异常的传递。

例 7-6 使用 raise 语句实现异常传递的应用示例。

```
#test6.py
class MuffledCalculator:
  muffled=False
   def calc(self,expr):
       try:
           return eval(expr)
       except ZeroDivisionError:
           if self.muffled:
               print 'Division by zero is illegal'
           else:
               raise
```

3. 异常的描述信息

当使用 raise 语句抛出异常时，还可以给异常类指定描述信息。例如，下面的代码在抛出异常类时传入了自定义的描述信息。

```
>>> raise IndexError("超出允许范围")
```

程序的运行结果如下：

```
>>>
Traceback(most recent call last):
  File "<py#29>",line 1,in <module>
    raise IndexError("超出允许范围")
IndexError: 超出允许范围
```

7.4.2 自定义异常类

用户通过自定义异常类来处理程序中可能产生的逻辑错误，使这种错误能够被系统及时识别并处理。创建用户自定义异常类时，一般需要先声明一个新的异常类，使之以 Exception 类或其他某个已经存在的系统异常类或用户异常类为父类。然后，为新的异常类定义属性和方法，或重载父类的属性和方法，使这些属性和方法能够体现该类所对应的错误信息。

只有通过异常类，系统才能识别特定的运行错误，并及时地控制和处理运行错误。

下列代码是在实例中创建了一个类，基类为RuntimeError，用于在异常触发时输出更多的信息。在try语句块中，用户自定义的异常类被抛出后，执行except语句块，变量e用于创建NetworkError类的实例。

```
class NetworkError(RuntimeError):
    def __init__(self, arg):
        Self.args=arg
```

在定义以上类后，可以触发该异常，如下所示：

```
try:
    raise NetworkError("Bad hostname")
except(NetworkError) as e:
    print(e.args)
```

因为NetworkError是一个自定义类，需要使用raise语句来显式地抛出异常。

例 7-7 判断输入的长短。

```
#test7.py
class ShortInputException(Exception):
    def __init__(self,length,atleast):
      Exception.__init__(self)
      self.length=length
      self.atleast=atleast
try:
    S=raw_input('Enter something-->')
if len(s)<3:
     raise ShortInputEXception(len(s),3)
else:
    print(s)
except EOFError:
    print'\nWhy did you do an EOF on me?'
except ShortlnputException as x:
    print('ShortlnputException: The input was length %d,\
        was expecting at least %d.'%(x.length,x.atleast))
else:
    print('No exception was raised.')
```

在例7-7中，先自定义了一个名为ShortInputException的异常类，该类继承了Exception类。其用来判断用户输入的字符串长度是否满足要求。其判断输入字符串的长度是否大于或等于3个字符，若不满足，则抛出该异常。

7.5 断言与上下文管理

断言与上下文管理是两种特殊的异常处理方式，在形式上比异常处理结构简单，能够实现简单的异常处理和条件确认，并且可以和标准的异常处理结构结合使用。

7.5.1 断言

assert 语句又称为断言语句，在没有完善一个程序之前，我们不知道程序在哪里会出错，与其让它在运行时崩溃，不如让它在出现错误条件时就崩溃，这时候就需要 assert 语句的帮助。assert 语句的使用很简单。

Python assert 断言是声明其布尔值必须为真的判定，如果发生异常就说明表达式为假。因此 assert 语句可以当作条件式的 raise 语句，即 raise-if-not，用来测试表达式。其返回值为假，就会触发异常。如果断言成功，则程序不会采取任何措施，否则就会触发 AssertionError 异常。

assert 语句的语法格式如下：

```
assert 表达式 [,description]
```

assert 后面一般是逻辑表达式，相当于条件，description 是异常参数，是可选的。当表达式的结果为 False 时，description 作为异常的描述信息使用，通常是字符串信息，用来解释断言。下面是一个简单的断言举例：

```
>>> assert 5==2+3
>>> assert 5==2*3
```

程序的运行结果如下：

```
>>>
Traceback(most recent call last):
  File "<py#75>",line 2,in <module>
    assert 5==2*3
AssertionError
```

assert 语句通常用于检验用户定义的约束条件，并不是捕获内在的程序设计错误。这是因为 Python 会自行收集程序的设计错误，并在发现错误时自动引发异常。下面代码也是一个断言举例：

```
>>> mylist=['item']
>>> assert len(mylist)>=1
```

程序的运行结果如下：

```
>>>
Traceback(most recent call last):
 File "<py#76>", line 2, in <module>
AssertionError
>>>
```

7.5.2 上下文管理

使用上下文管理语句 with 可以自动管理资源，无论何种原因跳出 with 语句块，也无论是否发生异常，with 语句总能保证资源被正确释放，自动还原到该代码块执行前的现场或上下文。其多用于文件读/写后自动关闭、线程中锁的自动获取和释放、连接网络、连接数据库等。

with 语句的语法格式如下：

```
with 表达式 [as variable]:
    with语句块
```

例如，下面的代码在文件操作时使用 with 上下文管理语句，当文件处理完成后，将会自动关闭：

```
with open(test.txt) as file:
    data=file.read()
    do something
```

上述代码中使用 with 语句打开文件。如果文件存在并且可以打开，则将文件对象赋值给 file。然后文件操作结束后，with 语句会自动关闭文件，即使代码在运行过程中产生了异常，with 语句也会关闭文件。

关闭文件时还可以使用 try-finally 语句来处理，但 with 语句的语法更简洁，还可以很好地处理上下文环境产生的异常。

但只有支持上下文管理协议的对象才能使用 with 语句，支持该协议的对象有 file、decimal、Context、thread、LockType、threading.Lock、threading.RLock、threading.Condition、threading.Semaphore、threading.BoundedSemaphore。

小　结

本章介绍了 Python 中异常的概念及常见的异常类、Python 对于异常处理的方法，以及断言与上下文管理等内容。

异常就是程序在运行过程中发生的程序错误事件，通过异常类来体现。Python 常用的内置异常类很多。Python 采用 try-except-else-finally 语句帮助用户准确定位异常发生的位置和原因，以便于处理异常，同时 except 语句也可以捕获所有异常。

Python 使用 raise 语句主动抛出异常，抛出异常主要适用于用户自定义异常。用户自定义异常类来处理程序中可能产生的逻辑错误，使这种错误能够被系统及时识别并处理，使用户程序更为健壮，有更好的容错性能。

assert 语句又称为断言语句，用于处理在形式上比较简单的异常。使用上下文管理语句 with 可以自动管理资源，多用于打开文件、连接网络、连接数据库等场合。

习　题

一、选择题

1．下列关于异常处理的描述中，错误的是（　　）。

A．程序运行产生的异常由用户或 Python 解释器进行处理

B．使用 try-except 语句捕获异常

C．使用 raise 语句抛出异常

D．捕获到的异常只能在当前方法中处理，不能在其他方法中处理

2．（　　）类是所有异常类的父类。

A．Throwable　　B．Error

C．Exception　　D．BaseException

3．对于 except 子句的排列，下列说法正确的是（　　）。

A．父类在先，子类在后

B．子类在先，父类在后

C．没有顺序，谁在前谁先捕获

D．先有子类，其他如何排列都无关

4．下列关于 try-except-finally 语句的描述中，正确的是（　　）。

A．try 语句后面的程序段将给出处理异常的语句

B．except 语句在 try 语句后面，该语句可以不接异常名称

C．except 语句后的异常名称与异常类的含义是相同的

D．finally 语句后面的代码段不一定总是被执行，如果抛出异常，该代码不执行

5．下列关于创建用户自定义异常的描述中，错误的是（　　）。

A．用户自定义异常需要继承 Exception 类或其他异常类

B．在方法中声明抛出异常的关键字是 throw 语句

C．捕获异常的方法是使用 try-except-else-finally 语句格式

D．使用异常处理会使整个系统更加安全和稳健

6．Python 中用来抛出异常的关键字是（　　）。

A．try　　B．except

C．raise　　D．finally

7．当方法遇到异常又不知如何处理时，下列说法正确的是（　　）。

A．捕获异常　　B．抛出异常

C．声明异常　　D．嵌套异常

8．在异常处理中，如释放资源、关闭文件、关闭数据库等由（　　）来完成。

A．try 子句　　B．catch 子句

C．finally 子句　　D．raise 子句

9．下列选项中，不在运行时发生的异常是（　　）。

A．ZeroDivisionError　　B．NameError

C．SyntaxError　　D．KeyError

10．当 try 语句中没有任何错误信息时，一定不会执行的语句是（　　）。

A．try　　B．else

C．finally　　D．except

二、填空题

1．Python 内建异常类的基类是________。

2．发生 SyntaxError 异常指的是________异常。

3．自定义异常中，一般采用________语句抛出异常。

4．断言 assert 语句的后面是一个________表达式。

5．不带任何参数的 raise 语句可以再次引发刚刚发生过的异常，作用就是向外________异常。

第 8 章　面向对象的程序设计

8.1　面向对象程序设计的概念和特点

面向对象程序设计（object oriented programming，OOP）是一种计算机编程架构。其本质是以建立模型体现出来的抽象思维过程和面向对象的方法。客观世界中存在多种形态的事物，这些事物之间存在着各种各样的联系。模型是用来反映现实世界中事物的特征的。通过建立模型而达到的抽象是人们对客体认识的深化。

8.1.1　面向对象程序设计的概念

基于面向对象思想的程序设计方法称为面向对象的程序设计。它把对象作为程序的基本单元，一个对象包含了数据和操作数据的函数。类是面向对象程序设计的基础，它把数据和作用于这些数据上的操作组合在一起，是封装的基本单元。对象是类的实例，类定义了属于该类的所有对象的共同特性。

面向对象程序设计方法是尽可能模拟人类的思维方式，使软件的开发方法与过程尽可能接近人类认识世界、解决现实问题的方法和过程。也使描述问题的问题空间与问题的解决方案空间在结构上尽可能一致，把客观世界中的实体抽象为问题域中的对象。Python 是一种脚本语言，也支持面向对象程序设计。在 Python 中，一切都是对象，类本身是一个对象，类的实例也是对象，变量、函数都是对象。

8.1.2　面向对象程序设计的特点

面向对象程序设计是在传统的结构化设计方法出现很多问题的情况下应运而生的。传统的结构化设计方法侧重于计算机处理事情的方法和能力，面向对象程序设计则从客观世界存在的事务进行抽象，更符合人类的思维习惯。另外，面向对象程序设计通过封装、继承、多态等手段，在不同层次上提供各种代码复用，以此提高代码的利用率。这些优势使面向对象程序设计得到了更广泛的应用。

面向对象程序设计具有 3 个基本特征：封装性、继承性和多态性。

1．封装性

封装是一种信息隐蔽技术，它体现于类的说明，是对象的重要特性。封装将数据和加工该数据的方法（函数）封装为一个整体，以实现独立性很强的模块，使用户只能见到对象的外特性（对象能接收哪些消息，具有哪些处理能力），而对象的内特性（保存内部状态的私有数据和实现加工能力的算法）对用户是隐蔽的。封装的目的是把对象的设计者和对象的使用者分开，使用者不必知晓其行为实现的细节，只须用设计者提供的消息来访问该对象。通过封装，对象向外界隐藏了实现细节，对象以外的事物不能随意获取对象的内部属性，提高了对象的安全性，有效地避免了外部错误对它产生的影响，减少了软件开发过程中可能发生的错误，降低了软件开发的难度。

2. 继承性

面向对象程序设计的主要优点就是代码的重用。当设计一个新类时，为了实现这种重用，可以继承一个已经设计好的类。一个新类从已有的类那里获得其已有特性，这种现象称为类的继承。通过继承，在定义一个新类时，先把已有类的功能包含进来，然后给出新功能的定义，或对已有类的某些功能重新定义，实现类的重用。这种从已有类产生新类的过程称为类的派生，即派生是继承的另一种说法，只是表述问题的角度不同而已。

3. 多态性

对象根据所接收的消息而做出动作。同一消息被不同的对象接收时可产生完全不同的行动，这种现象称为多态性。利用多态性用户可发送一个通用的信息，而将所有的实现细节都留给接收消息的对象自行决定。

Python 中的多态性和 C++、Java 中的多态性不同，Python 中的变量是弱类型的，在定义时不用指明其类型，它会根据需要在运行时确定变量的类型，这就是多态性的一种体现。

8.2 类和对象的创建

8.2.1 类和对象的定义

类是现实世界或思维世界中的实体在计算机中的反映，它将数据及这些数据上的操作封装在一起。对象是具有类类型的变量。类和对象是面向对象编程技术中的最基本的概念。

类是对象的抽象，而对象是类的具体实例。类是抽象的，不占用内存；对象是具体的，占用存储空间。类是用于创建对象的蓝图，它是一个定义包括在特定类型的对象中的方法和变量的软件模板。

8.2.2 类的创建

在 Python 中，通过关键字定义类，一般格式如下：

```
class 类名:
  类体
```

类由类头和类体两部分组成。类头以关键字 class 开头，后面紧跟类名，其命名规则与一般标识符的命名规则一致。类名的首字母一般采用大写，类名后面有一个冒号。类体中包括类的所有细节，向右缩进对齐。

类体定义类的成员，有两种类型的成员：一种是数据成员，描述问题的属性；另一种是成员函数，描述问题的行为（方法）。这样，就把数据和操作封装在一起，体现了类的封装性。

接下来通过一个例子来学习如何定义一个类。

例 8-1 创建类实例。

```
class Officer:
 def __init__(self,id,name):
  self.id=id
  self.name=name
 def setID(self,id):
  self.id=id
```

在代码中，类名 Officer 紧跟在关键字后，并且其后跟随一个冒号。类的所有方法都至少有一个名为 self 的参数，并且必须是方法的第一个形参；self 参数代表将来要创建的对象本身。在类的方法中访问对象变量时需要以 self 为前缀，在外部通过对象调用对象方法时并不需要传递这个参数，如果在外部通过类调用对象方法，则需要显示为 self 参数传值。

__init__()是一个特殊的方法，每当根据 Officer 类创建新对象时，Python 都会自动运行它。在这个方法的名称中，开头和末尾各有两个下画线，这是一种约定，避免 Python 默认方法与普通方法发生名称冲突。方法中定义了 3 个形参：self、id 和 name。当 Python 调用__init__( )方法创建 Officer 对象时，将自动传入实参 self，通过实参向 Officer 传递学号和姓名。

方法__init__()中定义的两个变量都有前缀 self。以 self 为前缀的变量不仅可供类中的所有方法使用，还可以被类的任何对象访问。self.id=id 获取存储在形参 id 中的值，并将其存储到变量 id 中，然后该变量被关联到当前创建的对象。self.name=name 的作用与此类似。可通过对象访问的变量称为属性。

Officer 类还定义了一个方法：setID( )。它有 self 和 id 两个形参。

8.2.3 对象的创建

一旦定义了一个类，就可以创建一个该类的对象。Python 在构造对象时要完成两个任务：一是在内存中创建一个对象，二是自动调用类的__init__( )函数来初始化对象。

创建一个对象的语法如下：

```
对象名=类名(参数列表)
```

再使用点运算符（.）访问对象的成员，其语法如下：

```
对象.数据成员
对象.函数成员(参数列表)
```

例 8-2 创建对象实例。

```
class Officer:
 def __init__(self,id,name):
  self.id=id
  self.name=name
offi=Officer("A001","王一")
print("职员工号：{}，姓名：{}".format(offi.id,offi.name))
```

在 Officer 类中定义完成之后就产生了一个全局的类对象，Officer 类中定义了 id 和 name 属性。在定义类之后，就可以用来产生实例化对象了。语句“offi=Officer("A001","王一")”实例化了一个对象 offi，然后就可以通过 offi 来读取属性。这里的 id 和 name 都是公有的，可以直接在类外通过对象名访问。

8.2.4 私有成员的创建

Python 中的数据成员和函数成员默认都是公开（public）的，即成员在类外可以被访问。但是，直接访问对象的数据对象不是一个好方法，因为数据成员可能会被不加检查地篡改。避免数据成员被直接修改的方法是将其设置为私有（private）成员。所谓私有成员，就是能够在类的内部访问但不能在类的外部访问的成员。Python 将以两个下画线开始的成员定义为私有成员。在将数据成员设置为私有成员之后，为了在类外可以操作数据成员的值，需要使用 get( )函数和 set( )函数来获取及设置值。

例 8-3 创建私有成员实例。

```
class Officer:
 def __init__(self,id,name):
  self.__id=id
  self.__name=name
 def setID(self,id):
```

```
    self.__id=id
   def setName(self,name):
    self.__name=name
```

如果试图直接访问 Officer 类对象的数据对象，如下：

```
offi=Officer( )
Print  offi.__name
```

由于__name 为私有成员，解释器会提示该成员不能在类外访问，因此只能通过 get( ) 函数来获取该对象的 id 和 name 值。

在实际应用中，是否将成员设置为私有可以根据实际情况来具体分析。

8.3 构造方法

类中定义的名称为__init__( )的方法称为构造方法。一个类定义了__init__( )方法以后，创建对象时，就会自动为新生成的对象调用该方法。构造方法一般用于完成对象数据成员设置初值或进行其他必要的初始化工作。如果未定义构造方法，Python 将提供一个默认的构造方法。

例 8-4 构造方法创建对象实例（无参数）。

```
class Officer:
 def __init__(self):
  self.id="A001"
 def display(self):
  print("职员工号{}".format(self.id))
offi=Officer()
offi.display()
```

程序运行到第 6 行构造对象 offi 时，自动调用第 2 行的__init__( )方法，初始化对象后执行第 7 行语句，显示职员工号“A001”的信息。

例 8-5 构造方法创建对象实例（有参数）。

```
class Officer:
 def__init__(self,id="A001",name="王一"):
  self.id=id
  self.name=name
 def display(self):
  print("职员工号：{} 姓名：{}".format(self.id,self.name))
offi1=Officer()
offi1.display()
```

```
offi2=Officer("A002","李军")
offi2.display()
```

程序的运行结果如下：

```
>>>
职员工号：A001 姓名：王一
职员工号：A002 姓名：李军
>>>
```

8.4 析构方法

Python 中的__del__()方法是析构方法，析构方法与构造方法相反，用来释放对象占用的资源。如果用户未定义析构方法，Python 将提供一个默认的析构方法进行必要的清理工作。

例 8-6 析构方法删除对象实例。

```
class Officer:
 def __init__(self):
  self.id="A001"
 def display(self):
  print("职员工号:{}".format(self.id))
 def __del__(self):
  print("对象被清除")
offi=Officer()
offi.id="A002"
offi.display()
```

程序中，第 6 行执行析构方法，第 7 行显示“对象被清除”的提示信息。第 8 行构造 offi 对象，第 10 行显示对象 offi 的信息。因为调用完析构函数后对象被删除，所以无法显示对象的信息。

8.5 运算符重载

使用人们熟悉的运算符对数据进行运算，要比使用函数对数据进行运算更加直观且易于理解，如表达式“2+3*5”，如果使用函数则可能写成“add(2,multi(3,5))”，显然前者比后者更加一目了然。对某种类型的对象要使用某种运算符，如加法运算符“+”，就必须对这种类型重新定义相应的运算符函数。对一个类型重新定义运算符函数的行为称为运算符重载。

Python 语言允许为运算符定义特殊的方法来实现常用的操作。Python 使用独特的命名来辨别运算符和函数之间的关联性。如果程序员想让某运算符应用于自己编写的类，只需要在该类中定义一个与该运算符对应的函数即可。表 8-1 展示了部分运算符和函数之间的对应关系。

表 8-1　部分运算符和函数之间的对应关系

函数	描述	运算符	运算符调用方式
__add__(self,other)	加法运算	+	x+y，x+=y
__sub__(self,other)	减法运算	_	x-y，x-=y
__mul__(self,other)	乘法运算	*	x*y，x*-=y
__div__(self,other)	除法运算	/	x/y，x/=y
__mod__(self,other)	取余运算	%	x%y，x%=y
__eq__(self,other)，__ne__(self,other)	相等和不等比较	==、!=	x==y、x!=y
__lt__(self,other)，__le__(self,other)	小于及小于等于比较	<，<=	x<y，x<=y
__gt__(self,other)，__ge__(self,other)	大于及大于等于比较	>，>=	x>y，x>=y

假设 a1 和 a2 都是类 A 的对象，那么执行 a1+a2 其实就是执行了 a1.__add__(a2)，执行 a1<=a2 相当于执行了 a1.__le__(a2)。重载运算符能够极大地简化程序，使程序更易读。

比较运算符（<=、<、==、>=、>和！=）可以分别对应一个函数来重载，也可以通过直接重载一个__cmp__()函数来实现。__cmp__()函数通过返回结果的符号来判断大小。如果是self<other，则函数返回负整数；如果self==other，则函数返回0；如果self>other，则函数返回正整数。对于表达式 a1<a2，如果类重载了__lt__()函数，则调用该函数；如果没有定义，则调用__cmp__()函数来决定顺序。

例 8-7　加法运算符重载的实现实例。

下列的 Vect 是一个表示数学中的二维几何向量的类，其中重载了加法运算符对应的运算方法，即__add__()：

```
class Vect:
 def__init__(self,x,y):
  self.__x=x
  self.__y=y
 def__add__(self,other_v):
  return Vector(self.__x+other_v.__x,self.__y+other_v.__y)
 def print(self):
```

```
    print(self.__x,self.__y)
  vec1=Vect(1.5,6.5)
  vec2=Vect(8.5,3.5)
vec3=vec1+vec2
vec3.print
```

程序的运行结果如下：

```
>>>
13.0 34.0
>>>
```

还可以重载其他运算符，下列代码重载了等于运算符函数，即__eq__()方法。

例 8-8 __eq__()方法重载的实例。

```
class Vect:
 def __init__(self,x,y):
 self.__x=x
 self.__y=y
def __add__(self,other_v):
 return Vect(self.__x+other_v.__x,self.__y+other_v.__y)
def print(self):
 print(self.__x,self.__y)
def __eq__(self,other__v):
return self.__x=other_v.__x and self.__y==other_v.__y
vec1=Vect(1.5,6.5)
vec2=Vect(8.5,3.5)
print(vec1==vec2)
```

程序的运行结果如下：

```
>>>
Ture
>>>
```

8.6 面向对象程序实例

下面的程序定义了两个类，实现了公司职员信息的增加、删除、修改、查找及排序等基本功能。

例 8-9 公司职员基本信息管理程序的实现。

实例中定义了职员类Officer，成员变量有id（工号）、name（姓名）、age（年龄）。

模块1：

```
class Officer:
 def __init__(self,id,name,age):
  self.id=id
  self.name=name
  self.age=age
 def __repr__(self):
  return "{} {} {}".format(self.id,self.name,self.age)
```

模块2：

```
class OffList:
 def __init__(self,data):
  self.data=data[:]
 def __getitem__(self,index):
  return self.data[index]
 def __setitem__(self,index,value):
  self.data[index]=value
 def __delitem__(self,index):
  del self.data[index]
```

主程序：

```
a1=Officer("A001","王一","20")
a2=Officer("A002","李军","30")
a3=Officer("A003","张本","40")
lst=[a1,a2,a3]
offilist=OffList(lst)
print("------访问初始职员信息--------")
for item in offilist:
 print(item)
print("------职员信息添加------")
a4=Officer("A004","王凤","25")
offilist.data.append(a4)
for item in offilist:
 print(item)
print("------职员信息修改------")
a5=Officer("A003","张林","35")
```

```
offilist[2]=a5
for item in offilist:
 print(item)
print("--------职员信息排序--------")
offilist.data.sort(key=lambda x:x.age,reverse=False)
for item in offilist:
 print(item)
print("--------职员信息删除--------")
del(offilist[2])
for item in offilist:
 print(item)
```

程序的运行结果如下：

```
>>>
-------访问初始职员信息--------
A001 王一 20
A002 李军 30
A003 张本 40
-------职员信息添加------
A001 王一 20
A002 李军 30
A003 张本 40
A004 王凤 25
-------职员信息修改------
A001 王一 20
A002 李军 30
A003 张林 35
A004 王凤 25
---------职员信息排序---------
A001 王一 20
A004 王凤 25
A002 李军 30
A003 张林 35
---------职员信息删除---------
A001 王一 20
A004 王凤 25
A003 张林 35
>>>
```

小　　结

本章主要介绍了面向对象程序设计的基本知识，包括面向对象程序设计的概念、面向对象程序设计的特点、类与对象的创建、构造方法和析构方法以及运算符重载，最后列举了一个面向对象程序设计实例。

习　　题

一、选择题

1．同一类的不同实例之间不具备（　　）。

A．相同的操作集合　　B．相同的属性集合

C．相同的对象名　　D．不同的对象名

2．下列说法错误的是（　　）。

A．面向对象有三大属性：封装、多态和继承

B．Python 不是面向对象的

C．一般来说，面向对象是一种编程方式，此编程方式的实现基于类和对象的使用

D．类是抽象的模板，实例是根据模板创建出来的具体“对象”

3．在 Python 中，定义类使用的关键字为（　　）。

A．key　　B．type

C．object　　D．class

4．在 Python 的类定义中，对类方法的访问形式为（　　）。

A．<对象>.<变量>　　B．<对象>.方法（变量）

C．<类名>.<变量>　　D．<类名>.方法（变量）

5．在 Python 中定义私有属性，正确的是（　　）。

A．使用 private 关键字　　B．使用 public 关键字

C．使用__××__定义属性名　　D．使用__××定义属性名

6．下列选项中，不属于面向对象程序设计的特点的是（　　）。

A．抽象　　B．封装

C．继承　　D．多态

7．构造方法的作用是（　　）。

A．显示对象初始信息　　B．初始化类

C．初始化对象　　D．引用对象

8．在 Python 中，用来描述一类相同或相似事物的共同属性的是（　　）。

A．类　　B．对象

C．方法　　D．数据区

9．在类中，具有 4 个形参的方法通常在调用时有（　　）个实参。

A．3　　B．4

C．5　　D．不确定

10．将细节隐藏在类定义中，术语称为（　　）。

A．虚函数　　B．子类化

C．继承　　D．封装

二、填空题

1．Python 类的构造方法是________，它在________对象时被调用，可以用来进行一些属性________操作。类的析构方法是________，它在________对象时调用，可以进行一些释放资源的操作。

2．创建对象后，可以使用________运算符来调用其成员。

3．类中定义的名称为________的方法称为构造方法。

4．Python 中的__del__( )方法是________。

5．________是一种信息隐蔽技术，将相关的数据及其操作组织在对象中，构成具有独立意义的构件。

第 9 章　Python 中数据库的使用

9.1　数据库技术概述

随着信息化发展的不断深入，信息资源已成为各行各业发展的重要资源。数据作为信息资源的重要载体，需要存储在数据库中进行有效的组织和管理。数据库可以为用户提供及时、准确的信息，以满足用户的不同需求。

9.1.1　数据库

数据库（database，DB）是长期存储在计算机中有组织、可共享、统一管理的大量数据的集合。数据库按数据结构来组织、存储和管理数据，具有较小的冗余度、较高的数据独立性和易扩展性，并可为多个用户共享。数据库的概念实际上包括以下两层含义。

1）数据库是一个实体，它是一个能够合理保管数据的“仓库”，用户在该“仓库”中存放要管理的事务的数据，“数据”和“库”两个概念共同构成了“数据库”的概念。

2）数据库是信息化发展的产物，是数据管理的新方法和新技术，它能够更合理地组织数据、更方便地维护数据、更严密地控制数据和更有效地利用数据。

9.1.2　数据库管理系统

数据库管理系统（database management system，DBMS）是提供数据库的建立、使用和维护的一类计算机系统软件，能够科学地组织和存储数据、高效地获取和维护数据的环境。一般由软件厂商提供，如 Oracle 公司的 Oracle、MySQL，IBM 公司的 DB2，SYBASE 公司的 Sybase，Microsoft 公司的 SQL Server、Access 和 Visual FoxPro 等。DBMS 具有以下功能。

1. 数据定义功能

DBMS 提供数据定义语言（data definition language，DDL），供用户定义数据库中的数据对象和完整性约束等。

2. 数据操纵功能

DBMS 提供数据操纵语言（data manipulation language，DML），供用户对数据库中的数据进行基本操作，包括数据的插入、删除、修改和查询等。

3. 数据库的建立和维护功能

数据库的建立是指对数据库各种数据的组织、存储、输入、转换等，包括以何种文件结构和存储方式组织数据，如何实现数据之间的联系等。

数据库的维护是指通过对数据进行并发控制、完整性控制和安全性保护等，保证数据的安全性和完整性，并且在系统发生故障后能及时恢复到正常状态。

4. 数据库的运行管理功能

数据库系统的正常运行是由 DBMS 统一管理和控制的，以保证数据的安全性、完整性、并发性及发生故障后的系统恢复等。

5. 提供方便、有效存储数据库信息的接口和工具

软件开发人员可以通过程序开发工具与数据库接口编写数据库应用程序。数据库管理员可以通过相应的软件工具对数据库进行管理。

9.1.3 关系数据库

关系数据库是目前应用最为广泛的数据库，以关系模型作为逻辑数据模型，采用关系作为数据的组织方式，以数学方法为基础管理数据库中的数据，与其他数据库相比具有比较突出的优点。

1. 关系模型的基本概念

关系数据库是以关系模型为基础的数据库，关系模型由数据结构、数据操作和完整性约束 3 部分组成。一个关系模型的逻辑结构是一个二维表格，由行和列组成。例如，表 9-1 所示的学生信息表就是一个关系模型，涉及下列概念。

表 9-1 学生信息表

学号	姓名	性别	年龄	专业号
202130401001	张丽丽	女	19	30401
202030601001	王子凡	男	20	30601
202031101001	吴敏	女	20	31101
202031201001	李蕾	女	20	31201
201931601001	赵婧	女	21	31601
201930901001	郭壮	男	22	30901

（1）关系

关系是一个二维表，如表 9-1 所示的学生信息表。

（2）属性

关系（二维表）中的每一列都有一个名称，称为属性。例如，表 9-1 所示的学生信息表中有 5 列，对应 5 个属性，分别是学号、姓名、性别、年龄和专业号。

（3）元组

关系（二维表）中的一行即为一个元组。例如，表 9-1 所示的学生信息表有 6 行，即有 6 个元组。

（4）关键字

关键字又称为主属性，能够唯一标识一个元组的一个属性或多个属性的组合。关键字分为主关键字（primary key）和候选关键字（candidate key）。

① 主关键字，简称主键，是指二维表中的某个属性或属性组，能够唯一确定一个元组。一个关系中只能有一个主键。例如，表 9-1 所示的学生信息表中的学号，每个学生的学号都不相同，通过学号可以唯一确定一个学生，因此学号成为本关系的主键。

② 候选关键字，一个关系中可以有多个候选关键字。如果在表 9-1 所示的学生信息表中增加一个属性身份证号，身份证号也能唯一标识一个元组，由于学号已经成为学生表的主键，因此身份证号为学生表的候选关键字。

（5）域

关系（二维表）的每个属性都有一个取值范围，称为域。例如，性别的域是男和女。

（6）外部关键字

外部关键字，简称外键，如果某个关系中的一个属性或属性组合不是所在关系的主键或候选关键字，但却是其他关系的主键，那么对于本关系来说，就是外键。

（7）关系模式

关系模式是对关系数据结构的描述，一般表示为

关系名(属性 1，属性 2，属性 3，…，属性 n)

表 9-1 是一个关系，关系名为“学生”，此关系有 5 个属性：学号、姓名、性别、年龄、专业号。其关系模式为学生(学号,姓名,性别,年龄,专业号)，其中学号为主键，专业号为外键。

2. 实体间联系的类型

实体是指客观存在且可区别于其他对象的事物。实体的集合构成实体集，在关系数据库中用二维表来描述实体。

实体之间的关系称为实体间的联系，具体是指一个实体集中可能出现的每一个实体与另一个实体集中实体之间存在的联系，它反映了现实世界事物之间的关联关系。实体之间的联系可以是一对一（1∶1）、一对多（1∶n）或是多对多（m∶n）。下面分别介绍这几种联系。

1）一对一联系。如果对于实体集 E1 中的每一个实体，实体集 E2 中有且只有一个实体与之联系，反之亦然，则称实体集 E1 与实体集 E2 具有一对一联系。例如，一个专业只能有一个教研室主任，一个教研室主任只负责管理一个专业，教研室主任和专业之间存在一对一联系。

2）一对多联系。如果对于实体集 E1 中的每一个实体，实体集 E2 中有多个实体与之联系；反之，对于实体集 E2 中的每一个实体，实体集 E1 中只有一个实体与之联系，则称实体集 E1 与实体集 E2 有一对多联系。例如，一个专业有多名学生，但一名学生只属于一个专业，所以专业和学生之间存在一对多联系。

3）多对多联系。如果对于实体集 E1 中的每一个实体，实体集 E2 中有多个实体与之联系；而对于实体集 E2 中的每一个实体，实体集 E1 中也有多个实体与之联系，则称实体集 E1 与实体集 E2 之间有多对多联系。例如，一名教师可以讲授多门课程，一门课程也可以被多名教师讲授，所以教师和课程之间存在多对多联系。

联系可以存在于两个实体之间，也可以存在于多个实体之间；不同实体集的实体间可以有联系，同一实体集的实体间也可以有联系。

3. 关系数据库的基本性质

关系数据库具有下列基本性质。

1）一个关系就是一个二维表格。

2）表中的每一列是一个属性，每一列有唯一的列名。

3）表中的每一列都是不可再分的数据项。

4）表中每一列的数据类型相同，数据来自同一个域。

5）表中的每一行是一个元组，表中不能有重复的元组，用主键来保证元组的唯一性。

6）不同的列可以有相同的域，但列名不能相同。

7）表中列的顺序可以任意交换，行的顺序也可以任意交换。

4. 关系模式的范式及规范化

所谓范式，是指规范化的关系模式。不同的范式其规范化程度不同。最常用的范式有 1NF、2NF、3NF 和 BCNF。把属于低级范式的关系模式转换为属于高级范式的关系模式的集合的过程，称为规范化。

（1）1NF

如果一个关系模式 R 的所有属性都是不可分的基本数据项，则该关系属于第一范式

（first normal formal，1NF），即 R∈1NF。满足 1NF 的关系称为规范化的关系，否则称为非规范化关系。关系数据库中研究和存储的都是规范化的关系，即 1NF 关系是作为关系数据库最基本的关系条件。

例如，在表 9-2 所示的 R1 中存在属性“科室主任”，可以分为正主任和副主任，所以，R1 不属于 1NF。

表 9-2　非规范化的医生表

工号	姓名	性别	科室	科室主任	
				正主任	副主任
200103001	石慧慧	女	儿科	周悦	李子硕
200504002	张犇	男	外科	朴诗涵	王芳

对于表 9-2，删除“科室主任”属性，将其规范化为 1NF 的关系，如表 9-3 所示。

表 9-3　满足 1NF 规范化的医生表

工号	姓名	性别	科室	正主任	副主任
200103001	石慧慧	女	儿科	周悦	李子硕
200504002	张犇	男	外科	朴诗涵	王芳

（2）2NF

如果关系模式 R 属于 1NF，且每一个非主属性都完全函数依赖于主属性，则关系满足第二范式，简记为 2NF，即 R∈2NF。

设有关系模式学生(学号,所在学院,学院院长姓名,课程号,成绩)。主键为学号和课程号的组合，存在函数依赖：{(学号,课程号)→所在学院;(学号,课程号)→学院院长姓名;(学号,课程号)→成绩}。通过学生学号，可以得到其所在学院；通过学生学号，可以得到学院院长姓名。由于存在非主属性不完全函数依赖于主属性，所以该关系模式不属于 2NF。可以将其分解为学生(学号,所在学院,学院院长姓名)和选课(学号,课程号,成绩)两个关系模式。

（3）3NF

如果关系模式 R 属于 2NF，且每一个非主属性都不传递函数依赖于主属性，则该关系满足第三范式，即 R∈3NF。

对于关系模式学生(学号,所在学院,学院院长姓名)，存在{学号→所在学院;所在学院→学院院长姓名}这样的传递函数依赖，所以不满足 3NF。将其进行分解，使其满足 3NF 的关系模式为学生(学号,所在学院)和系(所在学院,学院院长姓名)。

（4）BCNF

在 3NF 关系模式中，仍然存在一些特殊的操作异常问题，这是因为关系中可能存在由主属性主键的部分和传递函数依赖引起的。针对这个问题，由 Boyce 和 Codd 提出 BCNF（boyce codd normal form），比上述的 3NF 又进了一步。通常认为 BCNF 是修正的 3NF，有时也称为扩充的第三范式。

如果关系模式 R 属于 1NF，且每个属性都不传递函数依赖于 R 的候选关键字，则 R 为 BCNF 的关系模式，即 R∈BCNF。从定义可以看出，BCNF 既检查非主属性，又检查主属性，显然比 3NF 更严格。当只检查非主属性而不检查主属性时，就属于 3NF。因此，满足 BCNF 的关系模式一定满足 3NF。在关系模式学生(学号,所在学院)中，函数依赖为学号→所在学院，满足 BCNF 的条件；在关系模式系(所在学院,学院院长姓名)中，函数依赖为所在学院→学院院长姓名，满足 BCNF 的条件。以上两个关系模式都属于 BCNF。

5. 关系的完整性约束

一个数据库中通常包含多个表，有些表之间存在一定的联系，不同的表之间还可能出现相同的属性，这都给数据库的维护工作带来了挑战。数据库必须保证所有表中的数据值与其描述的应用对象的实际状态一致。关系模型通过关系完整性约束条件来保证数据的正确性和一致性。关系完整性约束包括实体完整性、参照完整性和用户定义完整性。

（1）实体完整性

实体完整性是指关系的所有主键对应的主属性都不能取空值，而且主键的值不能重复。例如，学生关系“学生(学号,姓名,性别,年龄,专业号)”中，“学号”为主键，“学号”不能取空值，且不能重复。

（2）参照完整性

参照完整性又称为应用完整性，与关系之间的联系有关，要求关系中不允许引用不存在的实体。在关系数据库中，关系之间可能存在着引用关系，对数据库进行修改时，可能会破坏关系之间的参照完整性。因此，为了保证数据库中数据的完整性，应该对数据库的修改加以限制，这些限制包括插入约束、删除约束和更新约束。

① 插入约束：在向相关表中插入一条新记录时，系统要检查新记录的外键值是否在主表中已经存在。如果存在，则能够执行插入操作；否则拒绝插入操作。这就是参照完整性的插入约束。

② 删除约束：如果删除主表中的一条记录，则相关表中凡是外键的值与主表的主键值相同的记录也会被同时删除，将此称为级联删除。

③ 更新约束：如果修改主表中关键字的值，则相关表中相应记录的外键值也随之被修改，将此称为级联更新。

（3）用户定义完整性

任何关系数据库系统都应该支持实体完整性和参照完整性。除此之外，不同的关系数据库系统根据其应用环境的不同，还需要支持一些特殊的约束条件，用户定义的完整性就是针对某一具体的关系数据库的约束条件，它反映某一具体应用所涉及的数据必须满足的语义要求。例如，学生成绩的取值范围在 0～100 之间，如果插入的记录中成绩的取值不在这个范围，就违反了用户定义的完整性，将不能插入成功。

9.2 关系型数据库标准语言

结构化查询语言（structured query language，SQL）是一种被关系型数据库产品广泛应用的结构化查询语言，能够实现数据定义、数据操纵、数据查询和数据控制等功能。

9.2.1 创建表

在关系型数据库中，数据是以表的形式进行管理的。数据库中的一个表包括表结构（表中每一列数据的字段名）和表记录（表中每行记录）。本节学习表的创建，表结构如表 9-4 所示。

表 9-4 表 student 的结构

列名	具体说明	数据类型
stu_ id	学号	integer
stu_ name	学生姓名	varchar(8)
sex	性别	char(2)
sage	学生年龄	integer
major_id	所在专业号	integer

使用 SQL 语句创建表，其语法格式如下：

```
create table <表名>(
    <列名 1> <数据类型>[<列级完整性约束条件>],
    <列名 2> <数据类型>[<列级完整性约束条件>],
    ⋮
    <列名 n> <数据类型>[<列级完整性约束条件>],
    [<表级完整性约束条件>]
)
```

说明：

1）<表名>：要定义的基本表的名称，基本表可以由一个或多个属性组成。

2）<数据类型>：创建基本表时必须明确每一个属性列的数据类型。

3）<列级完整性约束条件>：在创建基本表时可以定义与该基本表有关的完整性约束条件，它们存放在数据库的数据字典中，在用户操作基本表中的数据时，由数据库管理系统自动检查该操作是否满足这些完整性约束条件，包括主键约束（primary key）、非空约束（not null）、default 约束、外键约束（foreign key）和检查约束（check）。

4）<表级完整性约束条件>：如果完整性约束条件涉及该表的多个属性列，则必须将其建立在表级上，否则既可以将其建立在列级上也可以将其建立在表级上。

例 9-1 使用 create table 语句创建学生表 student，表结构如表 9-4 所示。

```
create table student(
    stu_id integer primary key,   #stu_id为主键，可以唯一标识表中的每条记录
    stu_name varchar(8) not null,  #定义此列不允许为空
    sex char(2) default('女'),     #定义此列的默认值为女
    sage integer,
    major_id integer
)
```

9.2.2 修改表结构

使用 alter table 语句可以修改表的结构，向表中添加列，其语法格式如下：

```
alter table <表名> add column <列名>[<数据类型>]
```

例 9-2 在表 student 中增加一列，列名为 addr，数据类型为 varchar，长度为 100。

```
alter table student add column addr varchar(100)
```

9.2.3 插入数据

在 SQL 中，可以使用 insert 语句向表中添加一条记录，其语法格式如下：

```
insert into <表名>[(<列名 1>[,<列名 2>,…])]
values([<常量 1>[,<常量 2>,…]])
```

说明：

1）insert 子句中的<列名 1>[,<列名 2>,…]指出在基本表中插入新值的属性列，values 子句中的<常量 1>[,<常量 2>,…]指出在基本表中插入的属性列的具体值。

2）values 子句中各常量的数据类型必须与 into 子句中对应属性列的数据类型兼容，values 子句中常量的数量必须与 into 子句中的列数相同。

3）对于 into 子句中没有出现的属性列，新插入的元组在这些属性列上取空值。

4）如果省略 into 子句中的<列名 1>[,<列名 2>,…]，则新插入元组的每一个属性列在 values 子句中均有值对应。

5）如果基本表中存在定义为 NOT NULL 的属性列，则该属性列的值必须要出现在 values 子句的常量列表中，否则会出现错误。

6）这种插入数据的方法一次只能在基本表中插入一行数据，而且每次插入数据时都必须输入基本表的名称及要插入的属性列的数值。

例 9-3 将以下新生的数据插入表 student 中。

```
202130501001，李琳，女，19，30501
202130202001，高飞，男，20，30202
```

插入数据的 SQL 语句如下：

```
    insert into student(stu_id,stu_name,sex,sage,major_id)values
(202130501001,'李琳','女',19,30501)
    insert into student values(202130202001, '高飞','男',20,30202)
```

9.2.4 修改数据

在 SQL 中，可以使用 update 语句修改数据，其语法格式如下：

```
update <表名>
set <列名 1>=<表达式 1>[,<列名 2>=<表达式 2>,…]
[where<条件表达式>]
```

说明：

1）<表名>指出要修改数据的基本表。

2）set 子句用于指定修改方法，用<表达式>的值取代相应<列名>的列值，且一次可以修改多个属性列的列值。

3）where 子句指出基本表中需要修改数据的元组应满足的条件，如果省略 where 子句，则修改基本表中的全部元组。

例 9-4 将表 student 中高飞的专业号改为 30102。

```
update student set major_id=30102 where stu_name="高飞"
```

如果所有学生的年龄增加 1 岁，可以写成如下所示的 SQL 语句：

```
update student set sage=sage+1
```

9.2.5 查询数据

在 SQL 中，使用 select 语句可以查询表中的数据记录，其语法格式如下：

```
select <列名>|*
from <表名 1> [, <表名 2>,…]
[where <条件表达式>]
[group by <列名 1> [having <条件表达式>]]
[order by <列名 2> [asc| desc]]
```

说明：

1）select 子句和 from 子句为必选子句，其他子句为任选子句。

2）select 子句用于指明要查询的列名，如果要查询多个列，列名和列名之间用逗号隔开；如果要查询所有字段，则 select 后面的列名可以使用"*"。

3）from 子句指明要查询的数据来自哪些表。

4）where 子句指明查询的条件。DBMS 在处理语句时，以元组为单位，逐个考察每个元组是否满足 where 子句给出的条件。

5）group by 子句的作用是将查询结果按<列名 1>进行分组。having 子句用于限定分组必须满足的条件，必须跟随 group by 子句使用。

6）order by 子句的作用是对结果按<列名 2>的值升序（ASC）或降序（DESC）进行排序，默认按升序排序。

例 9-5 查询专业号为 30402 的学生的所有信息。

```
select * from student where major_id=30402
```

例 9-6 查询性别为男，且专业号为 30402 的学生的学号和姓名信息。

```
select stu_id,stu_name from student where sex="男" and major_id=30402
```

例 9-7 查询表 student 中不同性别的学生的平均年龄。

```
select sex,avg(sage) as 平均年龄 from student group by sex
```

例 9-8 按学号升序查询表 student 的全部信息。

```
select * from student order by stu_id
```

9.2.6 删除数据记录

使用 delete 语句删除表中的数据，其语法格式如下：

```
delete from <表名> [where <条件表达式>]
```

1）使用 delete 语句删除的是基本表中的数据，而不是基本表。

2）省略 where 子句，表示删除基本表中的全部元组。

3）在 where 子句中也可以嵌入子查询。

4）数据一旦被删除就无法恢复，除非事先有备份。

例 9-9 删除表 student 中性别为男的学生的记录。

```
delete from student where sex="男"
```

例 9-10 删除专业号为 30401 的专业的所有学生的年龄。

```
delete from student
where sage in
(select sage from student where major_id=30401 )
```

9.3 SQLite 数据库

Python 支持多种数据库，包括 SQLite、Oracle 和 MySQL 等主流数据库，也提供了多种数据库连接方式，如 ODBC、DAO 和专用数据库连接模块等。SQLite 是一个小型的关系型数据库，不需要单独的服务，而且不需要对其进行配置。

9.3.1 SQLite 数据库简介

SQLite 是一款简单的开源的关系型数据库，轻便、高效、结构紧凑，有着广泛的应用。SQLite 支持规范化的 SQL，将数据库的表、索引、数据都存储在一个单一的.dbf 文件中，不需要网络配置和管理，没有用户名和密码，数据库的访问权限依赖于文件所在的操作系统。

9.3.2 SQLite 数据库的下载和安装

打开 SQLite 的官方网址下载安装文件，单击官方主页菜单栏中的“Download”链接，即可跳转到 SQLite 数据库的下载页面，如图 9-1 所示。在下载页面中有适合 Linux 操作系统、Mac OS X 操作系统和 Windows 操作系统的安装文件，选择适合自己计算机操作系统的文件并下载。解压下载的安装文件，其中的 sqlite3.exe 文件是数据库平台的启动文件，SQLite3 是当前的 SQLite 数据库中使用比较广泛的版本。

SQLite3 数据库免安装，双击 sqlite3.exe 文件，即可打开 SQLite3 数据库的命令行窗口，如图 9-2 所示。在该窗口中，可以进行 SQLite3 数据库的相关操作。

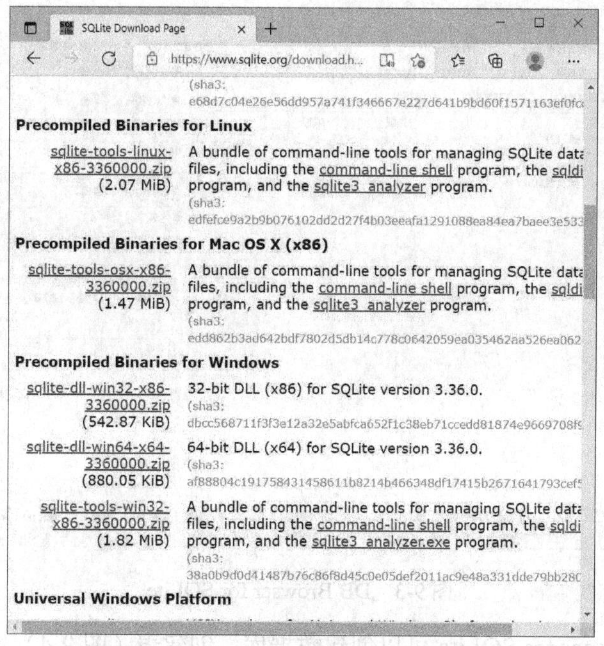

图 9-1 SQLite 数据库的下载页面

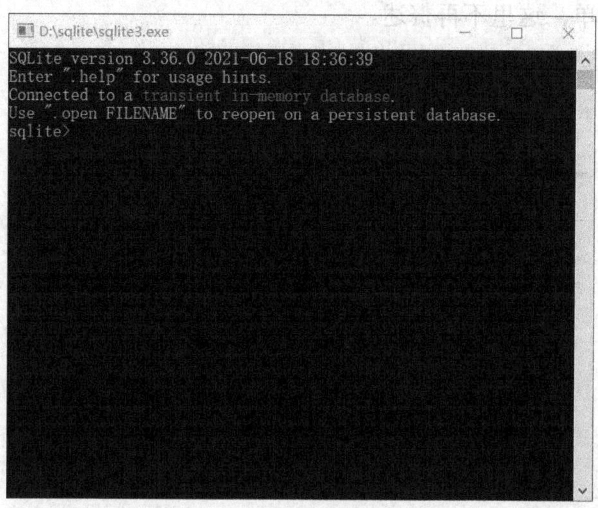

图 9-2 SQLite3 数据库的命令行窗口

SQLite3 不是可视化的，可以使用 DB Browser for SQLite、Navicat for SQLite、SQLite Expert、SQLite Studio、SQLite Tool 等第三方工具协助管理数据库。本节介绍使用 DB Browser for SQLite 对 SQLite 数据库进行操作，DB Browser for SQLite 软件的下载地址为 www.sqlitebrowser.org。图 9-3 所示为安装在本机中的 DB Browser for SQLite 软件。

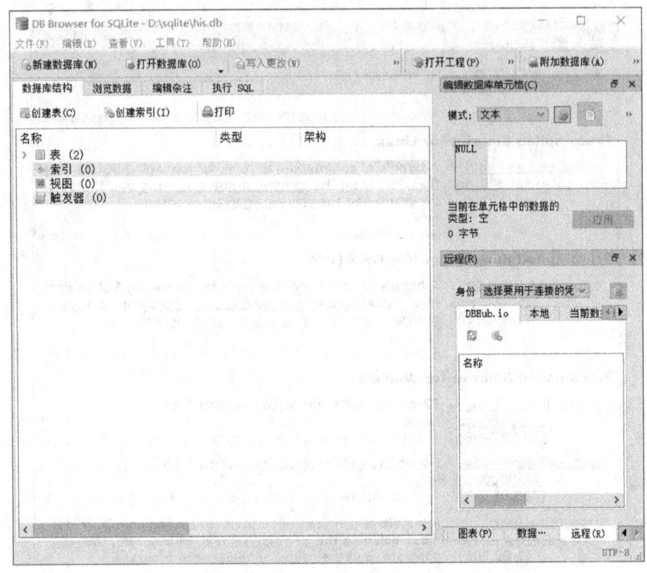

图 9-3　DB Browser for SQLite

使用 DB Browser for SQLite 可以创建数据库、创建表（图 9-4）、修改表结构、插入数据，还可以使用 SQL 语句（图 9-5）创建表、修改表结构、插入数据、查询数据、删除数据等，操作简单，这里不再赘述。

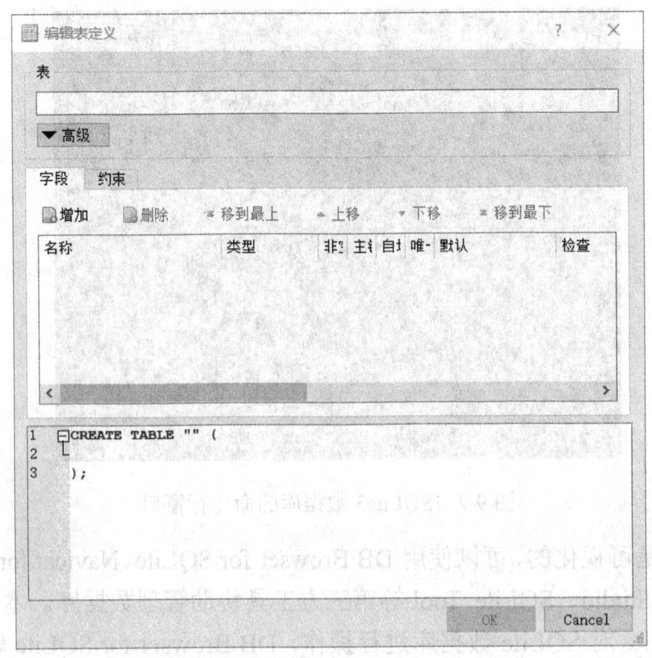

图 9-4　使用 DB Browser for SQLite 创建表

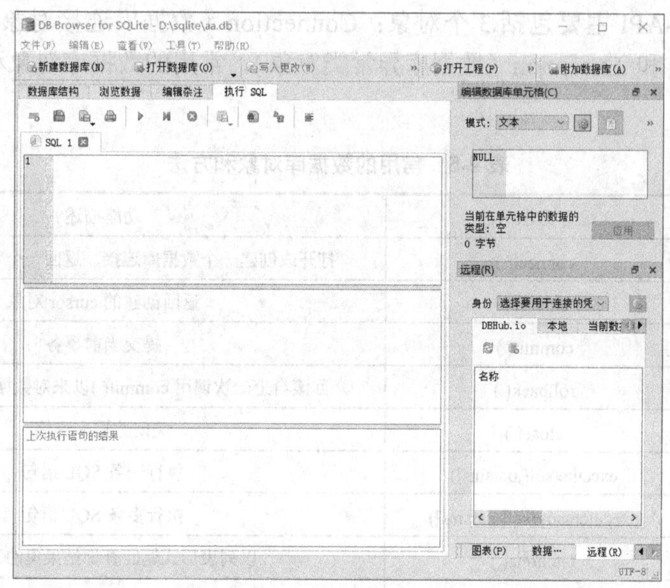

图 9-5　使用 DB Browser for SQLite 执行 SQL 语句

9.3.3　SQLite3 的数据类型

成功创建数据库后，应在其中合理创建表。表结构的设计是否合理，对程序运行的效果至关重要。设计和创建表，主要关注表中应该包含哪些字段，每个字段的名称、数据类型和长度。

SQLite3 中的表支持以下 4 种类型。

1）整数型（INTEGER）：有符号整数，按实际存储大小自动存储为 1 字节、2 字节、3 字节、4 字节、6 字节或 8 字节，通常不需要指定位数。

2）实数型（REAL）：浮点数，以 8 字节指数形式存储，可指定总位数和小数位数。

3）文本型（TEXT）：字符串，以数据库编码方式存储（UTF-8 编码支持汉字）。

4）BLOB 型：二进制对象数据，通常用来保存图片、视频、XML 等数据。

9.4　Python 中 SQLite3 的使用

9.4.1　Python DB-API 规范

在 Python 中，访问数据库的接口程序一般遵循 Python DB-API 规范。Python DB-API 规范定义了一系列必需的对象和数据库存取方式，为各种各样的底层数据库系统和多种多样的数据库接口程序提供一致的访问接口。

Python DB-API 主要包括 3 个对象：Connection（数据库连接对象）、Cursor（数据库交互对象）和 Exception（数据库异常类对象）。常用的数据库对象和方法如表 9-5 所示。

表 9-5　常用的数据库对象和方法

对象	方法	功能描述
Connection	connect( )	打开或创建一个数据库连接，返回一个 connection 对象
	cursor( )	返回创建的 cursor 对象
	commit( )	提交当前事务
	rollback( )	回滚自上一次调用 commit( )以来对数据库所做的更改
	close( )	关闭数据库连接
Cursor	execute(sql[,parsms])	执行一条 SQL 语句
	executemany(sql[,parsms])	执行多条 SQL 语句
	fetchone( )	以列表形式返回查询结果集的下一行
	fetchmany( )	以列表形式返回查询结果集的下一行组
	fetchall( )	以列表形式返回查询结果集的所有（剩余）行
	close( )	关闭 cursor 对象
	rowcount( )	返回执行 execute( )影响的行数

9.4.2　访问 SQLite3 数据库的步骤

Python 中提供了 sqlite3 模块负责 SQLite 数据库与 Python 的连接，使用这个模块操作 SQLite 数据库分为以下几个步骤。

1）导入 sqlite3 模块。

2）调用 connect( )函数连接 SQLite 数据库，得到连接对象 conn。

3）执行数据库操作。

① 调用 conn 对象的 execute( )函数执行数据库操作语句（SQL 语句）。

② 调用 conn 对象的 commit( )函数提交对数据库的修改。

4）查询数据库。

① 使用 execute( )方法获得游标对象 cur。

② 利用游标对象 cur 的 fetchall( )、fetchmany( )或 fetchone( )方法获得查询结果。

5）关闭游标 cur 和连接对象 conn( )。

建立数据库连接对象后，用数据库连接对象的 execute（SQL 语句）方法可执行 SQL 语句，对数据库及表实现创建、插入、修改、删除和查询操作。SQL 语句大小写不敏感，可分行，关键字之间可使用空格。在 Python 字符串的三引号界定符'''的支持下，可将 SQL 语句分行呈现，增加可读性。

9.4.3 创建 SQLite3 数据库

运行 SQLite3 数据库，通过参数创建 SQLite 数据库，具体方法如下：

```
sqlite3 dbname
```

SQLite 数据库文件一般以.db 为扩展名。如果指定的数据库文件存在，则打开该数据库，否则创建该数据库。

9.4.4 连接 SQLite3 数据库

连接数据库是对数据库进行实质性操作的第一步。下面的代码显示了使用 connect( ) 方法可以连接到当前路径下名为 his.db 的数据库，并获得一个数据库连接对象。如果该数据库不存在，则会在当前路径下自动创建一个名为 his 的数据库文件。

```
import sqlite3
conn=sqlite3.connect("d:/sqlite/his.db")
```

在创建并连接到数据库后，就可以使用 SQL 语言对数据库进行相关操作了。

9.4.5 创建表

例 9-11 使用 sqlite3 模块，打开 d 盘 sqlite 文件夹下医院信息系统的空数据库 his，创建医院科室表 deptment，其中包含 deptno、dname、des 共 3 列，其中 deptno 为主键，his.db 存储在 d 盘 sqlite 目录下。

程序如下：

```
import sqlite3                       #导入 sqlite3 模块
conn=sqlite3.connect("d:/sqlite/his.db")
                                     #创建名为 his 的数据库
c=conn.cursor()                      #打开游标
c.execute('''                        #使用游标 execute 方法执行 SQL 语句
     create table deptment
    (deptno integer primary key,
    dname text not null,
    desc text  )
    ''')
c.close()                            #关闭游标
conn.close()                         #关闭数据库连接
```

程序的运行结果如下：

```
Process finished with exit code 0
```

使用 Pycharm 运行该段程序，显示“Process finished with exit code 0”，表示程序正常执行完毕并退出。

9.4.6 数据的插入、更新和删除

例 9-12 编写 Python 程序，为例 9-11 中创建的 his 数据库的 deptment 表插入科室编号、科室名称和科室描述，其中科室编号和科室名称为非空数据。

程序如下：

```
import sqlite3                             #导入 sqlite3 模块
conn=sqlite3.connect("d:/sqlite/his.db")
                                           #打开名为 his 的数据库
c=conn.cursor()
while True:
    no=input('请输入科室编号：(输入 0 退出程序)\n')
    if no=='0':
       break
    name=input('请输入科室名称：\n')
    des=input('请输入科室描述：\n')
    sql=''' insert   into
    deptment(deptno, dname, desc)
    Values(' % s', ' % s', ' % s')''' %(no, name, des)
                                           #格式化构建 SQL 字符串
conn.execute(sql)                          #插入数据
conn.commit()                              #提交事务
c.close()
conn.close()
```

程序的运行结果如下：

```
请输入科室编号：(输入 0 退出程序)
001
请输入科室名称：
内科
请输入科室描述：
内科包括呼吸内科、心血管内科、消化内科、肾脏内科和血液内科。
请输入科室编号：(输入 0 退出程序)
002
请输入科室名称：
外科
请输入科室描述：
外科包括普通外科、神经外科、骨科、胸外科、泌尿外科和心脏外科。
```

```
请输入科室编号：(输入 0 退出程序)
0

Process finished with exit code 0
```

例 9-13 编写 Python 程序，修改例 9-12 中科室编号为 001 的科室描述为“内科包括呼吸内科、心血管内科、消化内科、肾脏内科、血液内科和风湿免疫科”。

程序如下：

```
import sqlite3                            #导入 sqlite3 模块
conn=sqlite3.connect("d:/sqlite/his.db")
                                          #打开名为 his 的数据库
c=conn.cursor()
c.execute('''
update deptment set desc='内科包括呼吸内科、心血管内科、消化内科、肾脏内科、
血液内科和风湿免疫科。' where deptno=001''')#更新数据
conn.commit()                             #提交事务
c.close()
conn.close()
```

程序的运行结果如下：

```
Process finished with exit code 0
```

例 9-14 编写 Python 程序，删除科室编号为 001 的科室的所有信息。

程序如下：

```
import sqlite3                            #导入 sqlite3 模块
conn=sqlite3.connect("d:/sqlite/his.db")
                                          #打开名为 his 的数据库
c=conn.cursor()
 c.execute('''
             delete from dept
              where deptno=001''')
conn.commit()                             #提交事务
c.close()
conn.close()
```

程序的运行结果如下：

```
Process finished with exit code 0
```

9.4.7 数据的查询

例 9-15 编写 Python 程序，查询科室表的所有信息。

程序如下：

```
import sqlite3                                  #导入sqlite3 模块
conn=sqlite3.connect("d:/sqlite/his.db")
                                                #打开名为 his 的数据库
c=conn.cursor()
sql=''' select * from deptment '''
cur=c.execute(sql)
List1=cur.fetchall()
Print('科室编号', '科室名称', '科室描述')
for rec in list1:
    print(rec[0],rec[1] ,rec[2])
c.close()
conn.close()
```

程序的运行结果如下：

```
科室编号  科室名称  科室描述
002       外科      外科包括普通外科、神经外科、骨科、胸外科、泌尿外科和心脏外科。

Process finished with exit code 0
```

说明：执行游标对象 cur.execute(<SQL 查询语句>)后，用 cur.fetchall( )或 cur.fetchone( )方法可以接收查询结果。其中，fetchall( )方法返回所有记录，而 cur.fetchone( )方法则只返回第一条记录的元组类型结果。

9.4.8 回滚与关闭数据库

每次对数据库进行更改后都会使用 commit( )函数确认更改，否则对数据库的更改将不会生效。这种数据库操作看似复杂，实际上是为用户提供了错误恢复功能。用户可以随时使用连接对象的 rollback( )函数将数据库还原到上一次 commit( )函数确认操作的状态，如果没有调用过 commit( )函数，则恢复到最初连接到数据库时的状态。例如，下面首先插入一条科室信息，之后调用 rollback( )函数将数据库恢复到原来的状态。

```
    conn.execute("insert into deptment values(003, '耳鼻喉科', '耳鼻喉科包
括耳科、鼻科和咽喉科') ") #错误操作
    conn.rollback()       #回滚数据库
```

最后，在对数据库操作完毕后，需要使用 close( )函数关闭数据库连接对象和游标对象。

```
    cur.close()      #关闭游标对象
    conn.close()     #关闭数据库连接对象
```

9.5 访问 MySQL、SQL Server、Oracle 数据库

Python 支持访问不同的数据库，不同数据库及其服务的通信有一些不同，而 Python DB-API 为 Python 数据库提供了标准的编程接口。使用微软操作系统对各种数据库驱动的开放数据库连接接口（open database connectivity，ODBC）可以实现对数据库的标准访问；还可以通过标准的 DB-API 访问各类数据库，访问步骤和访问 SQLite 数据库的步骤一样。这里介绍通过标准的 DB-API 访问 MySQL、SQL Server 和 Oracle 数据库的方法。

9.5.1 创建 MySQL 连接对象

MySQL 数据库是目前较流行的关系型数据库管理系统，使用 MySQL 数据库建立与 Python 的连接对象需要预先安装 PyMySQL 库，然后创建连接对象，代码如下：

```
    import pymysql
    conn=pymysql.connect(host=服务器地址或域名,port=3306,user='root',
passwd=密码,db=数据库名)
```

例 9-16 使用 Python 程序连接 MySQL 数据库 his，his 数据库和例 9-11 中的 his 数据库结构完全一致，其中 his 数据库的地址为 192.168.0.103，root 的密码为 abab，查询 deptment 表中科室编号为 002 的科室的所有信息。

程序如下：

```
    import pymysql                          #导入 mysql 模块
    conn=pymysql.connect(host='192.168.0.103',port=3306,user=
'root',passwd='abab',db='his')
    #连接 MySQL 数据库
    cur=conn.cursor()
    cur.execute("select * from deptment where deptno=002")
    list1=cur.fetchall()
    print('科室编号 ', '科室名称 ', '科室描述')
```

```
    for rec in list1:
        print(rec[0],rec[1],rec[2])
    cur.close
    conn.close()
```

程序的运行结果如下：

```
科室编号 科室名称 科室描述
002      外科     外科包括普通外科、神经外科、骨科、胸外科、泌尿外科和心脏外科。

Process finished with exit code 0
```

9.5.2 创建 SQL Server 连接对象

SQL Server 数据库是 Microsoft 公司的关系型 DBMS。使用 SQL Server 数据库建立与 Python 的连接对象需要预先安装 PyMsSQL 库，然后创建连接对象，代码如下：

```
import pymssql
conn=pymssql.connect(host=服务器地址或域名,database=数据库名, user=用户名,passwd=密码)
```

例 9-17 使用 Python 程序连接 SQL Server 数据库 his，his 数据库和例 9-11 中的 his 数据库结构完全一致，sa 的密码为 ab1234，查询 deptment 表中所有的科室信息。

程序如下：

```
import pymssql                      #导入 SQL Server 模块
conn=pymssql.connect(host=".",database="his",user='sa',passwd=
"ab1234")
#连接 SQL Server 数据库
cur=conn.cursor()
cur.execute("select * from deptment")
list1=cur.fetchall()
print('科室编号', '科室名称 ', '科室描述')
for rec in list1:
    print(rec[0],rec[1],rec[2])
cur.close
conn.close()
```

程序的运行结果如下：

```
科室编号 科室名称 科室描述
002      外科     外科包括普通外科、神经外科、骨科、胸外科、泌尿外科和心脏外科。

Process finished with exit code 0
```

9.5.3 创建 Oracle 连接对象

Oracle 数据库是 Oracle 公司的关系型 DBMS。使用 Oracle 数据库建立与 Python 的连接对象需要预先安装 cx_Oracle 库，然后创建连接对象，代码如下：

```
import cx_Oracle
conn=cx_Oracle.connect(用户名/密码/安装Oracle数据库服务器的IP地址/数据库实例名)
```

例 9-18 使用 Python 程序连接 Oracle 数据库 his，his 数据库和例 9-11 中的 his 数据库结构完全一致，其中 his 数据库的地址为 192.168.0.103，数据库实例的名称为 orcl，访问数据库的用户名为 hisadmin，密码为 his1234，查询 deptment 表中所有的科室信息。

程序如下：

```
import cx_Oracle                        #导入oracle模块
conn=cx_Oracle.connect('hisadmin/his1234/192.168.0.103/orcl')
                                        #连接Oracle数据库
cur=conn.cursor()
cur.execute("select * from deptment")
list1=cur.fetchall()
 print('科室编号 ', '科室名称 ', '科室描述')
for rec in list1:
    print(rec[0],rec[1],rec[2])
cur.close
conn.close()
```

程序的运行结果如下：

```
科室编号 科室名称 科室描述
002      外科     外科包括普通外科、神经外科、骨科、胸外科、泌尿外科和心脏外科。

Process finished with exit code 0
```

小 结

本章介绍了数据库技术概述、关系型数据库语言 SQL、SQLite 数据库、Python 中 SQLite3 编程及访问 MySQL、SQL Server、Oracle 数据库，主要包括以下内容。

1）数据库、数据库管理系统、关系数据库的基本概念。

2）使用关系型数据库语言 SQL 创建表、修改表结构、插入数据、修改数据、查询数据及删除数据。

3）SQLite 数据库简介、下载和安装 SQLite 数据库及 SQLite3 的数据类型。

4）Python DB-API 规范、访问 SQLite3 数据库的步骤、创建 SQLite 数据库、连接 SQLite 数据库、使用 SQLite3 数据库创建表、插入数据、更新和删除数据、查询数据及回滚与关闭数据库。

5）Python DB-API 为 Python 数据库提供了标准的编程接口，介绍了如何创建 MySQL 连接对象、创建 SQL Server 连接对象及创建 Oracle 连接对象。

习　题

一、选择题

1．在关系模型中，一个主属性（　　）。

A．可由多个任意属性组成

B．只能由一个属性组成

C．可由一个或多个其值能够唯一表述该关系模式中任何元组的属性组成

D．只能由多个属性组成

2．设医生关系模式为（医生工号，姓名，性别，出生日期，入职日期，科室编号），该关系模式的主键是（　　）。

A．医生工号　　B．姓名

C．科室编号　　D．姓名，出生日期

3．在 SQL 语句中，alter 语句的作用是（　　）。

A．修改基本表中的数据　　B．修改基本表的结构

C．修改视图　　D．删除基本表

4．select 语句执行的结果是（　　）。

A．数据项　　B．元组

C．表　　D．数据库

5．在 SQL 中使用 update 语句对表中数据进行修改时，应使用的子句是（　　）。

A．where　　B．from

C．values　　D．set

6．在 Python 中内置的关系数据库是（　　）。

A．MySQL　　B．SQL Server

C．SQLite　　D．Oracle

7．遵循 Python DB-API 访问关系数据库时，创建 Cursor 对象应使用 Connection 对象的（　　）方法。

A．execute( )　　B．cursor( )

C．commit( )　　D．close( )

8．在 Python 中访问 SQLite 数据库时，一般使用模块（　　）。

A．sqlite3　　B．pymysql

C．pymssql　　D．cx_Oracle

9．使用 pymysql 模块访问 MySQL 数据库时，提交当前事务的方法是（　　）。

A．connect( )　　B．fetchone( )

C．rollback( )　　D．commit( )

10．遵循 Python DB-API 访问关系数据库时，执行多条 SQL 语句应使用 Cursor 对象的（　　）方法。

A．execute( )　　B．fetchall( )

C．executemany( )　　D．close( )

二、填空题

1．________是长期存储在计算机中、有组织、可共享、统一管理的大量数据的集合。

2．________是对关系数据结构的描述。

3．使用 create table 语句创建表时，使用________关键字可以定义主键。

4．SQLite 是一款简单的、开源的________。

5．使用 create table 语句创建表时，使用________关键字可以定义检查约束，通过检查数据的值来维护值域的完整性，只有符合条件的数据才能通过检查。

第 10 章　Python 的第三方库

Python 的第三方库是指除 Python 自带的标准库外，使用时需要额外下载的由其他人开发完成的库。Python 自身的标准库十分强大，它奠定了 Python 发展的基础，而丰富的第三方库则是 Python 不断发展的保证。虽然不同的第三方库安装及使用的方法不同，但它们调用的方式是一样的，都需要用 import 语句进行调用。

使用 Python 安装包自带的工具 pip（或 pip3）是安装第三方库最重要的方法。pip 命令的语法格式如下：

```
pip3 <command> [options] --pip <命令> [选择]
```

例如，安装 numpy 库：

```
pip3 install numpy
```

需要注意的是，在 Windows 操作系统下安装 Python 第三方库时，需要在命令行窗口中执行 pip 指令，而不是在 Python 的 IDLE 开发环境中执行。

Python 的第三方库种类繁多且应用广泛，表 10-1 展示了部分 Python 第三方库。

表 10-1　Python 常见的第三方库

类别	库名	用途
网络爬虫	requests	网页内容抓取
	BeautifulSoup4 或 bs4	HTML 和 XML 解析
	crapy	网页爬虫框架
数据分析及可视化	numpy	矩阵运算、矢量处理、线性代数、傅里叶变换等
	PIL	通用的图像处理库
	matplotlib	2D 和 3D 绘图库、数学运算、绘制图表
	scipy	numpy 库之上的科学计算库
机器学习	TensorFlow	谷歌的第二代机器学习系统
	NLTK	自然语言处理的第三方库
	Keras	高级神经网络 API
	Scikit-learn	简单且高效的数据挖掘和数据分析工具

续表

类别	库名	用途
Web 开发	Django	开放源代码的 Web 应用框架
	Pyramid	通用、开源的 Python Web 应用程序开发框架
	Tornado	Web 服务器软件的开源版本

10.1 网络爬虫

网络爬虫（又称为网页蜘蛛、网络机器人）是一种按照一定的规则，自动地抓取万维网信息的程序或脚本。网络爬虫的过程可分为 3 个步骤：爬取网页、解析网页及储存目标数据。爬虫是从搜索引擎机器人程序发展而来的，虽然两者在功能上很相似，但是爬虫程序却可以通过分析遍历来的网页中含有的网页链接信息，自动获取下一步需要遍历的网页，这个过程可以自动地持续进行下去。

网页爬取就是将统一资源定位符（uniform resource locator，URL）地址中指定的网络资源从网络流中读取出来，并保存到本地。requests 库是目前优秀的网页内容抓取的第三方库。网页解析则是将爬取的网页进行分析转换。BeautifulSoup4 库是 Python 用于网页分析的第三方库，它可以将网页转换为一棵 DOM 树，尽可能和原文档内容含义一致，这种措施通常能够满足搜集数据的需求。本节将重点介绍用于网页爬取的 requests 库和用于网页解析的 BeautifulSoup4 库。

10.1.1 HTTP 概念

在进行网络爬虫之前，我们首先应该了解 HTTP 的概念。超文本传输协议（hyper text transfer protocol，HTTP）是应用层上的一种客户端/服务端模型的通信协议，它由请求和响应构成，且是无状态的。用户浏览网页的过程本质就是客户端与 Web 服务器请求-响应的过程。客户端通过浏览器向 Web 服务器发出请求，服务器根据请求返回数据进行响应。HTTP 协议规定了通信双方必须遵守的数据传输格式，这样通信双方按照约定的格式才能准确地通信。无状态是指两次连接通信之间是没有任何联系的，每次都是一个新的连接，服务端不会记录前后的请求信息。

10.1.2 URL

URL 是 Internet 的万维网服务程序上用于指定信息位置的表示方法，其格式如下：

```
scheme://host[:port]/path/…/[?query-string][#anchor]
```

URL 地址由以下 6 部分组成。

1）scheme：协议（如 HTTP、HTTPS、FTP）。

2）host：服务器的 IP 地址或域名。

3）port：服务器的端口（默认端口为 80）。

4）path：访问资源的路径。

5）query-string：参数，发送给 HTTP 服务器的数据。

6）anchor：锚（跳转到网页的指定锚点位置）。

上文提到的网络爬虫其实就是根据 URL 来获取网页信息的。网络爬虫的前两个步骤爬取网页和解析网页分别使用了 Python 不同的库：requests 库和 BeautifulSoup4 库。

10.1.3 requests 库

1. requests 库概述

requests 是用 Python 语言基于标准库 urllib 编写的，采用的是 Apache2 Licensed 开源协议的第三方 HTTP 库。使用 requests 库编程的过程非常接近正常的 URL 访问过程，更易于理解和应用。requests 库建立在 Python 的 urllib3 库基础上，是对 urllib3 库的再封装，使用界面更加简单、友好，可以节约大量的工作。

requests 库实现了 HTTP 协议中绝大部分功能，它提供的功能包括 Keep-Alive、连接池、Cookie 持久化、内容自动解压、HTTP 代理、SSL 认证、连接超时、Session 等很多特性，最重要的是它同时兼容 Python 2 和 Python 3。读者可以访问 http://docs.python-requests.org 了解 requests 库的更多介绍。

2. requests 库方法介绍

网络爬虫和信息提交是 requests 库所支持的基本功能，requests 库方法介绍如表 10-2 所示。

表 10-2 requests 库方法介绍

方法	说明
requests.request( )	构造一个请求，是支撑以下各方法的基础方法
requests.get( )	获取 HTML 网页的主要方法，对应于 HTTP 的 GET
requests.head( )	获取 HTML 网页头信息的方法，对应于 HTTP 的 HEAD
requests.post( )	向 HTML 网页提交 POST 请求的方法，对应于 HTTP 的 POST
requests.put( )	向 HTML 网页提交 PUT 请求的方法，对应于 HTTP 的 PUT
requests.patch( )	向 HTML 网页提交局部修改请求的方法，对应于 HTTP 的 PATCH
requests.delete( )	向 HTML 页面提交删除请求的方法，对应于 HTTP 的 DELETE

下面重点介绍 requests 库请求访问一个页面的 requests.get( )方法。该方法的语法格式如下：

```
response=requests.get(url[,timeout=n])
```

requests.get( )方法是 requests 库请求访问页面的常用方法，该方法构造一个向服务器请求资源的 Request 对象并返回一个包含服务器资源的 Response 对象。其中，参数 url 必须采用 HTTP 或 HTTPS 方式访问，可选参数 timeout 用于设置每次请求超时的时间。

运用 requests.get( )方法请求访问百度主页并返回 Response 对象，代码如下：

```
>>> import requests
>>> response=requests.get("http://www.baidu.com/")
>>> response
<Response [200]>
```

请求返回 Response 对象，Response 对象是对 HTTP 协议中服务端返回给浏览器的响应数据的封装。响应中的主要元素包括状态码 status_code、页面内容的字符串形式 text、内容编码方式 encoding 和 apparent_encoding、内容的二进制形式 content 等，这些属性都封装在 Response 对象中。Response 对象的主要属性如表 10-3 所示。

表 10-3　Response 对象的主要属性

属性	说明
r.status_code	HTTP 请求的返回状态，200 表示连接成功，404 表示失败
r.text	HTTP 响应内容的字符串形式，即 URL 对应的页面内容
r.encoding	从 HTTP header 中猜测的响应内容编码方式
r.apparent_encoding	从内容分析出的响应内容编码方式（备选编码方式）
r.content	HTTP 响应内容的二进制形式

可以通过下面的代码判断请求数据的状态码并输出数据：如果状态正确，则返回空字符；如果状态出错，则抛出异常信息。

```
import requests
response=requests.get("http://www.baidu.com/")
if response.status_code==200:
    print("爬取成功")
else:
    print("爬取失败")
    response.raise_for_status() #如果出错，则抛出异常信息；如果正确，则返回
空字符
```

下面的代码运用 r.text 属性输出显示抓取页面的字符，使用 r.encoding 属性更改编码方式。以新浪网首页前 600 个字符为例。

```
>>> import requests
>>> r=requests.get("https://www.sina.com.cn/")
>>> r.status_code              #返回请求后的状态
200
>>> r.text[:600]               #显示前 600 个字符
'<!DOCTYPE html>\n<!-- [ published at 2021-09-05 16:54:01 ]
-->\n<html>\n<head>\n<meta http-equiv="Content-type" content="text/html;
charset=utf-8" />\n<meta http-equiv="X-UA-Compatible" content="IE=edge"
/>\n<title>æ\x96 ° æµ ª é ¦\x96 é ¡ µ</title>\n\t<meta name="keywords"
content="æ\x96° æµª ,æ\x96° æµª ç½\x91,SINA,sina, sina.com.cn,æ\x96° æµª é
¦\x96 é ¡ µ, é \x97 ¨ æ\x88 • , è µ\x84 è ® ¯ " />\n\t<meta name="description"
content="æ\x96° æµª ç½\x91ä,ºå\x85 ¨ ç\x90\x83ç\x94 ¨ æ\x88 • 24å° \x8fæ\x97¶
æ\x8f\x90ä¾\x9bå\x85 ¨ é\x9d¢å\x8f\x8aæ\x97¶ç\ x9a\x84ä,\xadæ\x96\x87èµ\x84è
® ¯ ï ¼ \x8cå\x86\x85å®¹ è ¦\x86ç\x9b\x96å\x9b ½ å\x86\x85å ¤ \x96ç ª \x81å\x8f\
x91æ\x96° é\x97»äº\x8bä»¶ã\x80\x81ä½\x93å\x9d\x9bèµ\x9bäº\x8bã\x80\x81å ¨ ±
ä¹ \x90æ\x97¶å° \x9aã\x80\x81äº § ä,\x9aèµ\x84è®¯ã\x80\x81å®\x9eç\x94 ¨ ä¿¡
æ\x81 ¯ ç\xad\x89ï ¼ \x8c è ® ¾ æ\x9c\x89æ\x96 ° é \x97»ã\x80\x81ä ½ \x93 è \x82 ²
ã\x80\x81å ¨ ±ä¹\x90ã\x80\x81è´¢ç»\x8fã\x80\x81ç § \x91æ\x8a\x80'
>>> r.encoding='utf-8'         #更改编码方式为 UTF-8
>>> r.text[:600]
'<!DOCTYPE html>\n<!--[ published at 2021-09-05 16:54:01 ]
-->\n<html>\n<head>\n<meta http-equiv="Content-type" content="text/html;
charset=utf-8" />\n<meta http-equiv="X-UA-Compatible" content="IE=edge"
/>\n<title> 新 浪 首 页 </title>\n\t<meta name="keywords" content=" 新 浪 , 新 浪
网,SINA,sina,sina.com.cn,新浪首页,门户,资讯" />\n\t <meta name="description"
content="新浪网为全球用户 24 小时提供全面及时的中文资讯，内容覆盖国内外突发新闻事件、体
坛赛事、娱乐时尚、产业资讯、实用信息等，设有新闻、体育、娱乐、财经、科技、房产、汽车等 30
多个内容频道，同时开设博客、视频、论坛等自由互动交流空间。" />\n\t<meta
content="always"name="referrer">\n\t <meta http-equiv="Content-Security-
Policy" content="upgrade-insecure- requests" />\n<link rel'
```

例 10-1 封装函数 getHTMLText( )用于爬取新浪网前 600 个字符的代码：

```
#program1001.py
import requests

def getHTMLText(url):
```

```
        r=requests.get(url,timeout=15)
        r.raise_for_status()
        r.encoding='utf-8'    #修改编码方式为 UTF-8
        return r.text[:600]

url="https://www.sina.com.cn/"  #URL 为新浪网首页
text=getHTMLText(url)
print(text)
```

10.1.4 BeautifulSoup4 库

BeautifulSoup4 库也称为 bs4 库或 BeautifulSoup 库，是一个可以从 HTML 或 XML 文件中提取数据的 Python 第三方库，用于完成网页抓取之后，对抓取的网页进行解析。通过 BeautifulSoup4 库，我们只需要用很少的代码就可以提取出 HTML 中任何感兴趣的内容。

1. HTML 标签

学习 BeautifulSoup4 前有必要先对 HTML 文档有一个基本认识，如下列代码所示，HTML 是一个树形组织结构。

```
<html>
    <head>
     <title>hello, world</title>
    </head>
    <body>
        <h1>BeautifulSoup</h1>
        <p>如何使用 BeautifulSoup</p>
    <body>
</html>
```

1）它由很多标签（tag）组成，如 html、head、title 等。

2）一个标签对构成一个节点，如<html>...</html>是一个根节点。

3）节点之间存在某种关系，如 h1 和 p 互为邻居，它们是相邻的兄弟（sibling）节点。

4）h1 是 body 的直接子（children）节点，还是 html 的子孙（descendants）节点。

5）body 是 p 的父（parent）节点，html 是 p 的祖辈（parents）节点。

6）嵌套在标签之间的字符串是该节点下的一个特殊子节点，如“hello, world”也是一个节点，只是没名称。

2. BeautifulSoup4 库的使用

首先运用 requests 库抓取网页：2019 全国知识图谱与语义计算大会（CCKS2019）

评测论文集（https://conference.bj.bcebos.com/ccks2019/eval/webpage/index.html）并储存在变量 html 中，代码如下：

```
    #导入工具包
    import requests

    #指定 URL
    url="https://conference.bj.bcebos.com/ccks2019/eval/webpage/index.
html"

    #请求数据
    r=requests.get(url)

    r.encoding=r.apparent_encoding
    #判断状态码，输出数据
    if r.status_code==200:
        html=r.text
        print(r.text[:1000])
    else:
        print("爬取失败")
        r.raise_for_status()
```

接下来使用 BeautifulSoup4 库对 html 进行解析。使用 BeautifulSoup 对象时首先必须导入 BeautifulSoup4 库：

```
>>> from bs4 import BeautifulSoup
```

创建 BeautifulSoup 对象：

```
>>> soup=BeautifulSoup(html,"html.parser")
```

查看 soup 对象（文本篇幅太长，故输出折叠了，没有展开）：

```
>>> soup
Squeezed text(152 lines)
```

格式化输出（文本篇幅太长，故输出折叠了，没有展开）：

```
>>> print(soup.prettify())
Squeezed text(405 lines)
```

查看数据类型：

```
>>> type(soup)
<class 'bs4.BeautifulSoup'>
```

查看 title 标签：

```
>>> soup.title
<title>CCKS2019 评测论文集</title>
```

查看 title 数据类型：

```
>>> type(soup.title)
<class 'bs4.element.Tag'>
```

查看 title 标签的内容：

```
>>> soup.title.string
'CCKS2019 评测论文集'
```

3. BeautifulSoup4 库的对象

BeautifulSoup4 库将 HTML 文档转换成一个复杂的树形结构，每个节点都是 Python 对象，所有对象可以归纳为 4 种类型：Tag、NavigableString、BeautifulSoup、Comment。

1）Tag：通俗来讲就是 HTML 中的一个个的标签。

2）NavigableString：用于操纵标签内部的文字，标签的 string 属性返回 NavigableString 对象。

3）BeautifulSoup：表示一个文档的全部内容，大多数情况下可以把它看作一个特殊的 Tag。

4）Comment：一个特殊类型的 NavigableString 对象。

基本概念介绍完，现在可以正式进入主题了。那如何从 HTML 中找到我们关心的数据呢？BeautifulSoup4 提供了两种方式，一种是遍历，另一种是搜索。本节重点介绍 CSS 选择器筛选元素的方法。

4. CSS 选择器

CSS 的选择器用于选择网页元素，分为标签选择器、类选择器和 id 选择器 3 种。在 CSS 中，标签名不加任何修饰，类名前面需要加“.”作为标识，id 名前加“#”来标识。在 BeautifulSoup4 库中，使用 soup.select( )方法来筛选页面上的元素更为简洁，该方法的参数为上述 3 种选择器。soup.select( )方法的返回类型是列表。接着上文对 2019 全国知识图谱与语义计算大会（CCKS2019）评测论文集运用 CSS 选择器进行解析：

选择 ul 标签下面的 li 标签：

```
>>> print(soup.select('ul li'))
[<li><a href="pdfs/eval_paper_1_1_1.pdf">基于 BERT 与模型融合的医疗命名实体识别 </a><br/><i> 乔锐 ， 杨笑然 ， 黄文亢 </i></li>, <li><a href="pdfs/eval_paper_1_1_2.pdf">Team MSIIP at CCKS 2019 Task 1</a><br/><i>Minglu Liu,
```

```
Xuesi Zhou, Zheng Cao, and Ji Wu</i></li>, <li><a href="pdfs/eval_paper_
1_2_1.pdf">A Multi Neural Networks based Approach to Complex Chinese Medical
Named Entity Recognition</a> <br/><i>Bin Ji, Shasha Li, Jie Yu, Jun Ma, Jintao
Tang, Dongyang Liang, Huijun Liu</i></li>, <li><a href="pdfs/eval_paper_
1_2_2.pdf">Team MSIIP at CCKS 2019 Task 2</a><br/><i>赵刚，张腾，王晨骁，吕萍，
吴及</i></li>, <li><a href="pdfs/eval_paper_1_2_3.pdf">NER-PS-MS: Medical
Attribute Extraction based on Medical Named Entity Recognition</a>
<br/><i>Yawen Song, Ling Luo, Nan Li, Zeyuan Ding, Zhihao Yang and Hongfei
Lin</i></li>, <li><a href="pdfs/eval_paper_2_2.pdf">Enhanced Character
Embedding for Chinese Short Text Entity Linking</a><br/><i>Li Yang, Shijia
E, and Yang Xiang</i></li>, <li><a href="pdfs/eval_paper_2 _3.pdf">A
Two-stage Algorithm For Chinese Short Text Entity Recognition and
Linking</a><br/><i>Jieting Li and Tao Jiang</i></li>, <li><a href=
"pdfs/eval_paper_2_4.pdf">A BERT-Based Neural System for Chinese Short Text
Entity Linking</a><br/><i>Chao Huo, Xuanwei Nian, Deyi Xiong, Hanchu Zhang,
Chao Wang, Changjian Hu, and Feiyu Xu</i></li>, <li><a href="pdfs/eval_
paper_2_5.pdf">中文短文本的实体链指研究</a><br/><i>徐国进</i></li>, <li><a
href="pdfs/eval_paper_2_6.pdf">多因子融合的实体识别与链指消歧</a><br/><i>祝凯
华，戴安南，范雪丽</i></li>, <li><a href="pdfs/eval_paper_2_1.pdf">Entity
Linking for Chinese Short Texts Based on BERT and Entity Name
Embeddings</a><br/><i>Jingwei Cheng, Chunguang Pan, Jinming Dang, Zhi Yang,
Xuyang Guo, Linlin Zhang, and Fu Zhang</i></li>, <li><a
href="pdfs/eval_paper_3_2.pdf">Bert-Based Denoising and Reconstructing Data
of Distant Supervision for Relation Extraction</a><br/><i>Tielin Shen, Daling
Wang, Shi Feng, Yifei Zhang</i></li>, <li><a href="pdfs/eval_paper_3_3.pdf">
Improving Distant Supervised Relation Extraction via Jointly Training on
Instances</a><br/><i>Binjun Zhu, Yijie Zhang, Chao Wang, Changjian Hu, and
Feiyu Xu</i></li>, <li><a href="pdfs/eval_paper_3_4.pdf">A Bert Based
Relation Classfication Network for Inter-Personal Relationship
Extraction</a><br/><i>Cheng Peng</i></li>, <li><a href="pdfs/eval_ paper_
3_1.pdf">FMPK Results for CCKS 2019 Task 3 : Inter-Personal Relationship
Extraction</a><br/><i>Huan Liu, Peng Wang, Zhe Pan, Ruilong Cui, Jiangheng
Wu and Zhongkai Xu</i></li>, <li><a href="pdfs/ eval_paper_4_2.pdf">An
Event-oriented Model with Focal Loss for Financial Event Subject
Extraction</a><br/><i>Kunxun Qi, Jianfeng Du, Jinglan Zhong, ZhenJie Chen,
Hanying Lai, and Langlun Chen</i></li>, <li><a href="pdfs/eval_paper_
4_3.pdf">基于 Bert 和阅读理解思路进行金融事件主体抽取</a><br/><i>郑少棉，郑少杰，任
君翔</i></li>, <li><a href="pdfs/eval_paper_4_4.pdf">一种适用于事件选择性命名实
体识别问题的 T-bert 模型</a><br/><i>向洋霄，刘屹，刘濂，邵佳琪，张蓓，徐君妍</i></li>,
<li><a href="pdfs/eval_paper_4_5.pdf">SEBERTNets: Sequence Enhanced BERT
Networks for Event Entity Extraction Tasks Oriented to the Finance
```

```
Field</a><br/><i>Congqing He, Xiangyu Zhu, Yuquan Le, and Yuzhong Liu Jianhong
Yin</i></li>, <li><a href="pdfs/eval_paper_4_6.pdf">基于 BERT 的多模型融合的事
件主体抽取模型</a><br/><i>李振, 刘恒, 赵兴莹, 李毓瑞, 秦培歌</i></li>, <li><a
href="pdfs/eval_paper_4_7.pdf">Multi-output Machine Reading Comprehension
Models for Key Entities Extraction in Finance Domain</a><br/><i>Kunrui Zhu,
Liming Zhang and Zijie Chen</i></li>, <li><a href="pdfs/eval_paper_4_1.pdf">
A Joint Financial Event Entity Extracting Method Based on Integrating of
Sequence Labeling and Question Answering</a><br/><i>Peiji Yang, Guanyu Fu,
Xinyu Li, Dongfang Li, Jing Chen, Qingcai Chen, Yubin Qiu and Yiqing
Feng</i></li>, <li><a href="pdfs/eval_paper_5_2.pdf">An Information
Extraction Approach Based on Domain Language Model</a><br/><i>Jing Zhu,
Yongcui Deng, Yiwen Zhou, Dewang Sun and Ruibin Mao</i></li>, <li><a
href="pdfs/eval_paper_5_3.pdf">Method Description for CCKS 2019 Task 5: A
2-Phase Approach of Structural Information</a><br/><i>Yanneng Zeng, Xiang Gao,
Jiasheng Gu, Xin Li, Yaobang Zhu, Daqi Ji and Yunwen Chen</i></li>, <li><a
href="pdfs/eval_paper_5_4.pdf">一种面向多需求的 PDF 文档信息抽取方法</a><br/><i>
余厚金, 毛先领, 黄河燕</i></li>, <li><a href="pdfs/eval_paper_5_5.pdf">基于 PDF
文本元素的表格信息提取方法</a> <br/><i>鲁娇, 秦文</i></li>, <li><a href="pdfs/
eval_paper_5_6.pdf"> CCKS 测评任务 5: 基于 OpenCV 和 Faster R-CNN 的金融财报抽取
</a><br/><i>朱耀邦, 高翔, 曾彦能, 顾嘉晟, 李欣, 纪达麒, 陈运文</i></li>, <li><a
href="pdfs/eval_paper_5_7.pdf">基于上市公司公告的事件要素抽取研究</a> <br/><i>
鲁娇, 秦文</i></li>, <li><a href="pdfs/eval_paper_5_1.pdf"> Variable-Size
Relation Extraction and Table Information Extraction</a> <br/><i>Shaodong Hou,
Yiqing Zhou, Xianming Tong</i></li>, <li><a href="pdfs/eval_paper_6_2.pdf">
Combining Neural Network Models with Rules for Chinese Knowledge Base Question
Answering</a><br/><i>Pengju Zhang, Kun Wu, Zongkui Zhu, Yonghui Jia, Xiabing
Zhou, Wenliang Chen, Dongcai Lu</i></li>, <li><a href="pdfs/eval_paper_
6_3.pdf">Multi- Module System for Open Domain Chinese Question Answering over
Knowledge Base</a><br/><i>Yiying YANG, Xiahui HE, Kaijie ZHOU, and Zhongyu
WEI</i></li>, <li><a href="pdfs/eval_paper_6_4.pdf">DUTIR 中文开放域知识库问答
评测报告</a><br/><i>曹明宇, 李帅驰, 王鑫雷, 杨志豪, 林鸿飞</i></li>, <li><a
href="pdfs/eval_paper_6_1.pdf">混合语义相似度的中文知识图谱问答系统</a><br/><i>
骆金昌, 尹存祥, 吴晓晖, 周丽芳, 钟辉强</i></li>]
```

选取类名为 container 的元素：

```
>>> print(soup.select('.container'))
[<main class="container" role="main">
<div class="my-3 p-3 bg-white rounded shadow-sm">
<h6 class="border-bottom border-gray pb-2 mb-0">任务一：面向中文电子病
历的命名实体识别</h6>
<div class="media text-muted pt-3">
```

```
<ul>
<li><a href="pdfs/eval_paper_1_1_1.pdf">基于 BERT 与模型融合的医疗命名实体识别</a><br/><i>乔锐，杨笑然，黄文亢</i></li>
<li><a href="pdfs/eval_paper_1_1_2.pdf">Team MSIIP at CCKS 2019 Task 1</a><br/><i>Minglu Liu, Xuesi Zhou, Zheng Cao, and Ji Wu</i></li>
<li><a href="pdfs/eval_paper_1_2_1.pdf">A Multi Neural Networks based Approach to Complex Chinese Medical Named Entity Recognition</a> <br/><i>Bin Ji, Shasha Li, Jie Yu, Jun Ma, Jintao Tang, Dongyang Liang, Huijun Liu</i></li>
<li><a href="pdfs/eval_paper_1_2_2.pdf">Team MSIIP at CCKS 2019 Task 2</a><br/><i>赵刚，张腾，王晨骁，吕萍，吴及</i></li>
<li><a href="pdfs/eval_paper_1_2_3.pdf">NER-PS-MS: Medical Attribute Extraction based on Medical Named Entity Recognition</a> <br/><i>Yawen Song, Ling Luo, Nan Li, Zeyuan Ding, Zhihao Yang and Hongfei Lin</i></li>
</ul>
</div>
</div>
<div class="my-3 p-3 bg-white rounded shadow-sm">
<h6 class="border-bottom border-gray pb-2 mb-0">任务二：面向中文短文本的实体链指任务</h6>
<div class="media text-muted pt-3">
<ul>
<li><a href="pdfs/eval_paper_2_2.pdf">Enhanced Character Embedding for Chinese Short Text Entity Linking</a><br/><i>Li Yang, Shijia E, and Yang Xiang</i></li>
<li><a href="pdfs/eval_paper_2_3.pdf">A Two-stage Algorithm For Chinese Short Text Entity Recognition and Linking</a><br/><i>Jieting Li and Tao Jiang</i></li>
<li><a href="pdfs/eval_paper_2_4.pdf">A BERT-Based Neural System for Chinese Short Text Entity Linking</a><br/><i>Chao Huo, Xuanwei Nian, Deyi Xiong, Hanchu Zhang, Chao Wang, Changjian Hu, and Feiyu Xu</i></li>
<li><a href="pdfs/eval_paper_2_5.pdf">中文短文本的实体链指研究</a><br/><i>徐国进</i></li>
<li><a href="pdfs/eval_paper_2_6.pdf">多因子融合的实体识别与链指消歧</a><br/><i>祝凯华，戴安南，范雪丽</i></li>
<li><a href="pdfs/eval_paper_2_1.pdf">Entity Linking for Chinese Short Texts Based on BERT and Entity Name Embeddings</a> <br/><i>Jingwei Cheng, Chunguang Pan, Jinming Dang, Zhi Yang, Xuyang Guo, Linlin Zhang, and Fu Zhang</i></li>
</ul>
</div>
</div>
```

```
<div class="my-3 p-3 bg-white rounded shadow-sm">
<h6 class="border-bottom border-gray pb-2 mb-0">任务三：人物关系抽取</h6>
<div class="media text-muted pt-3">
<ul>
<li><a href="pdfs/eval_paper_3_2.pdf">Bert-Based Denoising and Reconstructing Data of Distant Supervision for Relation Extraction</a><br/><i>Tielin Shen, Daling Wang, Shi Feng, Yifei Zhang</i></li>
<li><a href="pdfs/eval_paper_3_3.pdf">Improving Distant Supervised Relation Extraction via Jointly Training on Instances</a> <br/><i>Binjun Zhu, Yijie Zhang, Chao Wang, Changjian Hu, and Feiyu Xu</i></li>
<li><a href="pdfs/eval_paper_3_4.pdf">A Bert Based Relation Classfication Network for Inter-Personal Relationship Extraction</a> <br/><i>Cheng Peng</i></li>
<li><a href="pdfs/eval_paper_3_1.pdf">FMPK Results for CCKS 2019 Task 3 : Inter-Personal Relationship Extraction</a><br/><i>Huan Liu, Peng Wang, Zhe Pan, Ruilong Cui, Jiangheng Wu and Zhongkai Xu</i></li>
</ul>
</div>
</div>
<div class="my-3 p-3 bg-white rounded shadow-sm">
<h6 class="border-bottom border-gray pb-2 mb-0">任务四：面向金融领域的事件主体抽取</h6>
<div class="media text-muted pt-3">
<ul>
<li><a href="pdfs/eval_paper_4_2.pdf">An Event-oriented Model with Focal Loss for Financial Event Subject Extraction</a><br/><i>Kunxun Qi, Jianfeng Du, Jinglan Zhong, ZhenJie Chen, Hanying Lai, and Langlun Chen</i></li>
<li><a href="pdfs/eval_paper_4_3.pdf">基于 Bert 和阅读理解思路进行金融事件主体抽取</a><br/><i>郑少棉，郑少杰，任君翔</i></li>
<li><a href="pdfs/eval_paper_4_4.pdf">一种适用于事件选择性命名实体识别问题的 T-bert 模型</a><br/><i>向洋霄，刘屹，刘濂，邵佳琪，张蓓，徐君妍</i></li>
<li><a href="pdfs/eval_paper_4_5.pdf">SEBERTNets: Sequence Enhanced BERT Networks for Event Entity Extraction Tasks Oriented to the Finance Field</a><br/><i>Congqing He, Xiangyu Zhu, Yuquan Le, and Yuzhong Liu Jianhong Yin</i></li>
<li><a href="pdfs/eval_paper_4_6.pdf">基于 BERT 的多模型融合的事件主体抽取模型</a><br/><i>李振，刘恒，赵兴莹，李毓瑞，秦培歌</i></li>
<li><a href="pdfs/eval_paper_4_7.pdf">Multi-output Machine Reading Comprehension Models for Key Entities Extraction in Finance Domain</a>
```

```
<br/><i>Kunrui Zhu, Liming Zhang and Zijie Chen</i></li>
        <li><a href="pdfs/eval_paper_4_1.pdf">A Joint Financial Event Entity
Extracting Method Based on Integrating of Sequence Labeling and Question
Answering</a><br/><i>Peiji Yang, Guanyu Fu, Xinyu Li, Dongfang Li, Jing Chen,
Qingcai Chen, Yubin Qiu and Yiqing Feng</i></li>
        </ul>
        </div>
        </div>
        <div class="my-3 p-3 bg-white rounded shadow-sm">
        <h6 class="border-bottom border-gray pb-2 mb-0">任务五：公众公司公告信
息抽取</h6>
        <div class="media text-muted pt-3">
        <ul>
        <li><a  href="pdfs/eval_paper_5_2.pdf">An  Information  Extraction
Approach Based on Domain Language Model</a><br/><i>Jing Zhu, Yongcui Deng,
Yiwen Zhou, Dewang Sun and Ruibin Mao</i></li>
        <li><a href="pdfs/eval_paper_5_3.pdf">Method Description for CCKS
2019 Task 5: A 2-Phase Approach of Structural Information</a><br/><i>Yanneng
Zeng, Xiang Gao, Jiasheng Gu, Xin Li, Yaobang Zhu, Daqi Ji and Yunwen Chen</i>
</li>
        <li><a href="pdfs/eval_paper_5_4.pdf">一种面向多需求的 PDF 文档信息抽取方
法</a><br/><i>余厚金，毛先领，黄河燕</i></li>
        <li><a href="pdfs/eval_paper_5_5.pdf">基于 PDF 文本元素的表格信息提取方法
</a><br/><i>鲁娇，秦文</i></li>
        <li><a href="pdfs/eval_paper_5_6.pdf">CCKS 测评任务 5：基于 OpenCV 和
Faster R-CNN 的金融财报抽取</a><br/><i>朱耀邦，高翔，曾彦能，顾嘉晟，李欣，纪达麒，
陈运文</i></li>
        <li><a href="pdfs/eval_paper_5_7.pdf">基于上市公司公告的事件要素抽取研究
</a><br/><i>鲁娇，秦文</i></li>
        <li><a     href="pdfs/eval_paper_5_1.pdf">Variable-Size     Relation
Extraction and Table Information Extraction</a><br/><i>Shaodong Hou, Yiqing
Zhou, Xianming Tong</i></li>
        </ul>
        </div>
        </div>
        <div class="my-3 p-3 bg-white rounded shadow-sm">
        <h6 class="border-bottom border-gray pb-2 mb-0">任务六：中文知识图谱问
答</h6>
        <div class="media text-muted pt-3">
        <ul>
        <li><a href="pdfs/eval_paper_6_2.pdf">Combining Neural Network Models
```

```
with Rules for Chinese Knowledge Base Question Answering</a> <br/><i>Pengju
Zhang, Kun Wu, Zongkui Zhu, Yonghui Jia, Xiabing Zhou, Wenliang Chen, Dongcai
Lu</i></li>
        <li><a href="pdfs/eval_paper_6_3.pdf">Multi-Module System for Open
Domain Chinese Question Answering over Knowledge Base</a><br/> <i>Yiying YANG,
Xiahui HE, Kaijie ZHOU, and Zhongyu WEI</i></li>
        <li><a href="pdfs/eval_paper_6_4.pdf">DUTIR 中文开放域知识库问答评测报告
</a><br/><i>曹明宇，李帅驰，王鑫雷，杨志豪，林鸿飞</i></li>
        <li><a href="pdfs/eval_paper_6_1.pdf">混合语义相似度的中文知识图谱问答系
统</a><br/><i>骆金昌，尹存祥，吴晓晖，周丽芳，钟辉强</i></li>
        </ul>
        </div>
        </div>
        </main>, <div class="container">
        <span class="text-muted">2019 全国知识图谱与语义计算大会</span>
        </div>]
        >>>
```

掌握了 requests 库与 BeautifulSoup4 库的知识要点后，就可以进行网络爬虫的实战应用了。

10.1.5 网络爬虫实战应用

例 10-2 在网站 2019 全国知识图谱与语义计算大会（CCKS2019）评测论文集上，爬取并解析网页，使用 CSS 选择器查找带 li 标签的论文，并保存。具体内容如下：

1. *requests 库爬取网页信息*

代码如下：

```
import requests
url="https://conference.bj.bcebos.com/ccks2019/eval/webpage/index.
html"
r=requests.get(url)
r.encoding=r.apparent_encoding
# 判断状态码，输出数据
if r.status_code==200:
    html=r.text
    print(r.text[:500])
else:
    print("爬取失败")
    r.raise_for_status()
```

输出结果如下：

```
<!doctype html>
<html lang="en">
  <head>
    <!-- Required meta tags -->
    <meta charset="utf-8">
    <meta name="viewport" content="width=device-width, initial-
scale=1, shrink-to-fit=no">

    <!-- Bootstrap core CSS -->
    <link href="css/bootstrap.min.css" rel="stylesheet">
    <!-- Custom styles for this template -->
    <link href="css/offcanvas.css" rel="stylesheet">
    <title>CCKS2019 评测论文集</title>
  </head>
  <body>
    <nav class="navbar navbar-expand-lg fixed-top navbar-dark
bg-dark">
      <a class="navbar-brand mr-auto mr-lg-0" href="#">2019 全国知识图
谱与语义计算大会(CCKS2019)评测论文集</a>
    </nav>

    <main role="main" class="container">
      <div class="my-3 p-3 bg-white rounded shadow-sm">
        <h6 class="border-bottom border-gray pb-2 mb-0">任务一：面向中
文电子病历的命名实体识别</h6>
        <div class="media text-muted pt-3">
          <ul>
            <li><a href="pdfs/eval_paper_1_1_1.pdf">基于 BERT 与模型
融合的医疗命名实体识别</a><br><i>乔锐，杨笑然，黄文亢</i></li>
            <li><a href="pdfs/eval
```

2. BeautifulSoup4 库解析网页信息

代码如下：

```
from bs4 import BeautifulSoup
flist=[]
soup=BeautifulSoup(html, "html.parser")
li_list=soup.select('li')
```

```
    for li in li_list:
        flist.append(li.a['href'])
        print(li.a['href'])
```

输出结果如下：

```
pdfs/eval_paper_1_1_1.pdf
pdfs/eval_paper_1_1_2.pdf
pdfs/eval_paper_1_2_1.pdf
pdfs/eval_paper_1_2_2.pdf
pdfs/eval_paper_1_2_3.pdf
pdfs/eval_paper_2_2.pdf
pdfs/eval_paper_2_3.pdf
pdfs/eval_paper_2_4.pdf
pdfs/eval_paper_2_5.pdf
pdfs/eval_paper_2_6.pdf
pdfs/eval_paper_2_1.pdf
pdfs/eval_paper_3_2.pdf
pdfs/eval_paper_3_3.pdf
pdfs/eval_paper_3_4.pdf
pdfs/eval_paper_3_1.pdf
pdfs/eval_paper_4_2.pdf
pdfs/eval_paper_4_3.pdf
pdfs/eval_paper_4_4.pdf
pdfs/eval_paper_4_5.pdf
pdfs/eval_paper_4_6.pdf
pdfs/eval_paper_4_7.pdf
pdfs/eval_paper_4_1.pdf
pdfs/eval_paper_5_2.pdf
pdfs/eval_paper_5_3.pdf
pdfs/eval_paper_5_4.pdf
pdfs/eval_paper_5_5.pdf
pdfs/eval_paper_5_6.pdf
pdfs/eval_paper_5_7.pdf
pdfs/eval_paper_5_1.pdf
pdfs/eval_paper_6_2.pdf
pdfs/eval_paper_6_3.pdf
pdfs/eval_paper_6_4.pdf
pdfs/eval_paper_6_1.pdf
```

3. 保存数据

代码如下：

```
import time
for fpath in flist:
    url='https://conference.bj.bcebos.com/ccks2019/eval/webpage/' +
fpath
    print(url)
    file_name="tmp/"+ fpath.split('/')[1]
    print(file_name)
```

10.2 numpy 库

numpy（numerical python）是 Python 语言的一个扩展程序库，支持多维度数组与矩阵运算，此外也针对数组运算提供了大量的数学函数库。numpy 库作为一个用 Python 实现的科学计算工具包，具有以下特征。

1）数组矩阵是科学计算、机器学习的基础，numpy 操作简单，避免写大量循环。

2）底层基于 C 语言编写，性能好。

3）适合存储计算图像、音频、视频等数据。

4）是 pandas、scipy 等库的基础。

10.2.1 ndarray 数据类型

numpy 提供了一个 N 维数组类型 ndarray，它描述了相同类型的“items”的集合。numpy 的主要对象就是同种元素的多维数组。ndarray 与原生 Python 列表 list 的区别是 ndarray 在存储数据时，数据与数据的地址都是连续的，这样就使计算机在批量操作数组元素时速度更快，这也就是为什么 numpy 库是机器学习、图像处理等需要实现大量矩阵运算的算法的基础库。

1. numpy 数组的创建

数组的创建方法分为 3 种：

1）使用列表或元祖创建数组 ndarray。

2）使用 zeros( )函数或 ones( )函数创建元素值全为 0 或全为 1 的数组 ndarray。

3）使用 arange( )函数或 linspace( )函数创建数组 ndarray。

以下 3 个例题分别具体介绍数组 ndarray 的创建方法。

例 10-3　使用列表和元组创建数组。

```
>>> import numpy as np
>>> arr1=np.array((2,4,6))
>>> list1=[200,400,600,800]
>>> arr2=np.array(list1)
>>> arr1,arr2
(array([2,4,6]),array([200,400,600,800]))
```

使用 array( )函数创建数组时，参数必须是列表或元组。

例 10-4　使用 zeros( )、ones( )函数创建数组。

```
>>> import numpy as np
>>> arr3=np.zeros((2,3))
>>> arr3
array([[0.,0.,0.],
       [0.,0.,0.]])
>>> arr4=np.ones((3,4))
>>> arr4
array([[1.,1.,1.,1.],
       [1.,1.,1.,1.],
       [1.,1.,1.,1.]])
```

zeros( )函数用于创建指定大小的数组，数组元素以 0 来填充。ones( )函数用于创建指定形状的数组，数组元素以 1 来填充。

例 10-5　使用 arange( )函数和 linspace( )函数创建数组。

```
>>> import numpy as np
>>> arr5=np.arange(0.1,2,0.2)  #在区间[0.1,1)内以 0.1 为步长生成一个数组
>>> arr5
array([0.1, 0.3, 0.5, 0.7, 0.9, 1.1, 1.3, 1.5, 1.7, 1.9])
>>> arr6=np.arange(5)
>>> arr6
array([0,1,2,3,4])
>>> arr7=np.arange(0.5,5)
>>> arr7
array([0.5, 1.5, 2.5, 3.5, 4.5])
>>> arr8=np.linspace(1,10,5)
>>> arr8
array([ 1.  ,  3.25,  5.5 ,  7.75, 10.  ])
```

numpy 库提供了两种从数值范围创建数组的函数：arange( )函数和 linspace( )函数。

arange( )函数类似于 Python 的 range( )函数，通过指定开始值、终值和步长来创建一维数组。其函数格式如下：

```
numpy.arange(start, stop, step)
```

根据 start 与 stop 指定的范围及 step 设定的步长，生成一个 ndarray。如果 arange( ) 函数仅使用一个参数，则代表终值，开始值为 0；如果仅使用两个参数，则步长默认为 1。注意：数组不包括终值。

linspace( )函数通过指定开始值、终值和元素个数（默认为 50）来创建一维数组，可以通过 endpoint 关键字指定是否包括终值，默认设置包括终值。

2. numpy 数组元素的访问与修改

numpy 库中数组元素的存取方法和 Python 中字符串和列表的标准方法相同，也可以进行索引与切片操作来访问和修改 ndarray 数组中的元素，具体方法如表 10-4 所示。

表 10-4　numpy 数组的索引和切片方法

索引和切片方法	功能描述
ndarray[n]	索引数组第 n 个元素
ndarray[−i]	从后向前索引数组第 i 个元素
ndarray[n:m]	切片操作，从前向后索引，不包含 m，默认步长为 1
ndarray[−m:-n]	切片操作，从后向前索引，不包含-n，默认步长为 1
ndarray[n:m:i]	切片操作，由 n 到 m 索引，不包含 m，指定步长为 i

例 10-6　numpy 一维数组的索引与切片操作。

```
>>> import numpy as np
>>> a=np.arange(10)
>>> a
array([0, 1, 2, 3, 4, 5, 6, 7, 8, 9])
>>> a[5]                #使用整数作为下标可以获取数组中的某个元素
5
>>> a[3:5]              #使用范围作为下标获取数组的一个切片，包括a[3]不包括a[5]
array([3, 4])
>>> a[:5]               #省略开始下标，表示从a[0]开始
array([0, 1, 2, 3, 4])
>>> a[:-1]              #下标可以使用负数，表示从数组最后往前数
array([0, 1, 2, 3, 4, 5, 6, 7, 8])
>>> a[2:4]=100,101      #下标还可以用来修改元素的值
>>> a
```

```
array([  0,   1, 100, 101,   4,   5,   6,   7,   8,   9])
>>> a[1:-1:2]          #范围中的第三个参数表示步长，2 表示隔一个元素取一个元素
array([  1, 101,   5,   7])
>>> a[::-1]            #省略范围的开始下标和结束下标，步长为-1，整个数组头尾颠倒
array([  9,   8,   7,   6,   5,   4, 101, 100,   1,   0])
>>> a[5:1:-2]          #步长为负数时，开始下标必须大于结束下标
array([  5, 101])
```

numpy 中二维数组也可以进行索引与切片操作。切片公式如下：

```
ndarray[行切片,列切片]
```

即

```
ndarray[start:stop:step,start:stop:step]
```

例 10-7 numpy 二维数组的索引与切片操作。

```
>>> import numpy as np
>>> a=np.arange(12)
>>> a=a.reshape((4,3))    #reshape 对一维数组修改形状，修改为 4 行 3 列
>>> print(a)
[[ 0  1  2]
 [ 3  4  5]
 [ 6  7  8]
 [ 9 10 11]]
>>> print(a[2])           #二维数组索引，获取第三行
[6 7 8]
>>> print(a[1][2])        #二维数组索引，获取第二行第三列
5
>>> print(a[:,2])         #二维数组切片，获取所有行；第三列
[ 2  5  8 11]
>>> print(a[:,1:3])       #二维数组切片，获取所有行；第二、三列
[[ 1  2]
 [ 4  5]
 [ 7  8]
 [10 11]]
>>> print(a[::2,:])       #二维数组切片，获取所有列，行的步长为 2
[[0 1 2]
 [6 7 8]]
```

10.2.2 numpy 数组的综合运算

numpy 数组的综合算术运算分为以下两种。

1）算术运算是按元素逐个运算，运算后将返回包含运算结果的新数组。

2）矩阵乘法可以使用 dot( )函数实现。

例 10-8 numpy 数组的综合运算示例。

```
#numpy 数组的算术运算
>>> import numpy as np
>>> arr1=np.array([10,20,30,40])
>>> arr2=np.array([1,2,3,4])
>>> arr1,arr2
(array([10,20,30,40]),array([1,2,3,4]))
>>> arr1+arr2
array([11,22,33,44])
>>> arr1-arr2
array([9,18,27,36])
>>> arr1*arr2
array([10,40,90,160])
>>> arr1/arr2
array([10.,10.,10.,10.])
>>> arr2**2
array([1,4,9,16],dtype=int32)
#numpy 数组的矩阵乘法
>>> lst1=[[2,4],[6,8]]
>>> lst2=[[1,3],[5,7]]
>>> arr3=np.array(lst1)
>>> arr4=np.array(lst2)
>>> arr3
array([[2,4],
       [6,8]])
>>> arr4
array([[1,3],
       [5,7]])
>>> arr3*arr4
array([[ 2, 12],
       [30, 56]])
>>> np.dot(arr1,arr2)
array([[22, 34],
       [46, 74]])
```

10.2.3 numpy 数组的形状操作

数组的形状（shape）取决于其每个轴上的元素个数，可以使用 reval( )函数降低数组的维度，使用 reshape( )函数改变数组的维度，transpose( )函数用于转置数组。

例 10-9 数组的形状操作。

```
>>> import numpy as np
>>> a=np.arange(12)
>>> a
array([ 0,  1,  2,  3,  4,  5,  6,  7,  8,  9, 10, 11])
>>> a=a.reshape((4,3))
>>> a
array([[ 0,  1,  2],
       [ 3,  4,  5],
       [ 6,  7,  8],
       [ 9, 10, 11]])
>>> b=a.ravel()
>>> b
array([ 0,  1,  2,  3,  4,  5,  6,  7,  8,  9, 10, 11])
>>> c=a.transpose()
>>> c
array([[ 0,  3,  6,  9],
       [ 1,  4,  7, 10],
       [ 2,  5,  8, 11]])
```

10.3 matplotlib 库

10.3.1 matplotlib 概述

matplotlib 库是 Python 著名的数据可视化工具包，它提供了一整套与 MATLAB 相似的 API，十分适合交互式绘图和可视化。有了它，一些统计上常用的图形（如折线图、散点图、条形图、直方图等）都可以用简单的几行 Python 代码实现。

10.3.2 matplotlib.pyplot 模块

matplotlib.pyplot 是一个有命令风格的函数集合，它看起来和 MATLAB 很相似。每一个 pyplot 函数都使一幅图像做出些许改变，如创建一幅图，在图中创建一个绘图区域，在绘图区域中添加一条线等。matplotlib.pyplot 模块是 matplotlib 库的核心，通常使用

import matplotlib.pyplot as plt 语句导入库，使用 plt 作为 matplotlib.pyplot 模块的别名。matplotlib 库通常需要与 numpy 库一起使用。

1. 绘制直线图

例 10-10 绘制简单的直线图。

```
import matplotlib.pyplot as plt
plt.plot([1,2,3,4])
plt.ylabel('some numbers')          #y 轴文字
plt.show()                          #展示图像
```

运行结果如图 10-1 所示。

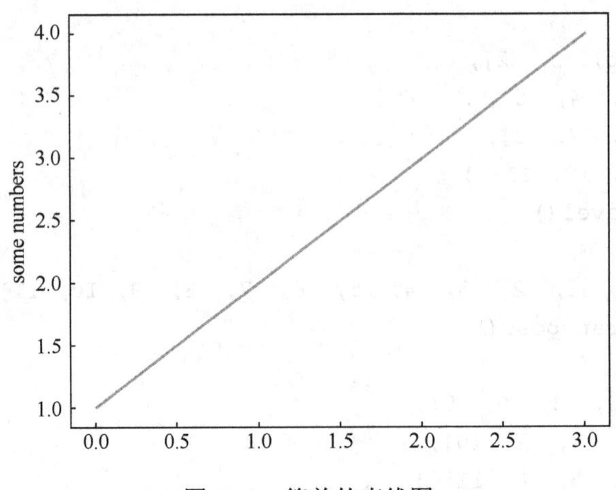

图 10-1 简单的直线图

2. 绘制曲线图

例 10-11 绘制正弦三角函数 y=sin(x)。

```
import matplotlib.pyplot as plt
import numpy as np
plt.figure(figsize=(6,4))               #创建绘图对象
x=np.arange(0,10,0.1)                   #x 的值
y=np.sin(x)
plt.plot(x,y,"r-",linewidth=3.0)        #设置曲线的颜色及宽度
plt.xlabel("x")                         #x 轴名
plt.ylabel("sin(x)")                    #y 轴名
plt.ylim(-2,2)                          #y 轴范围
plt.title("y=sin(x)")                   #图表标题
plt.grid(True)
plt.show()
```

运行结果如图 10-2 所示。

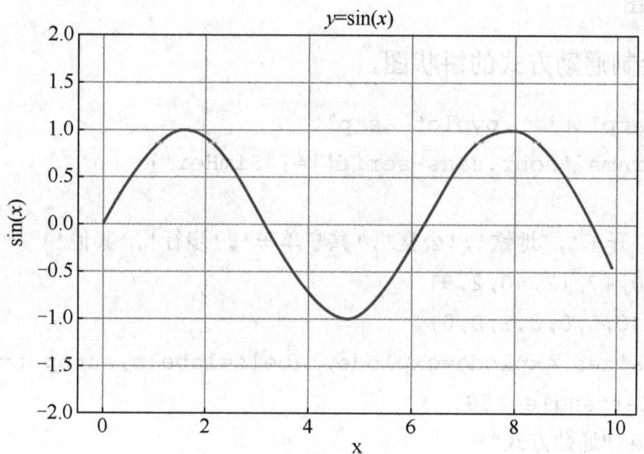

图 10-2 正弦三角函数

例 10-12 在同一张画布上同时绘制正弦、余弦三角函数。

```
import matplotlib.pyplot as plt
import numpy as np
plt.figure(figsize=(6,4))
x=np.arange(0,10,0.1)
plt.plot(x,np.sin(x),"r-",linewidth=3.0)
plt.plot(x,np.cos(x),"g-",linewidth=3.0)
plt.grid(True)
plt.show()
```

运行结果如图 10-3 所示。

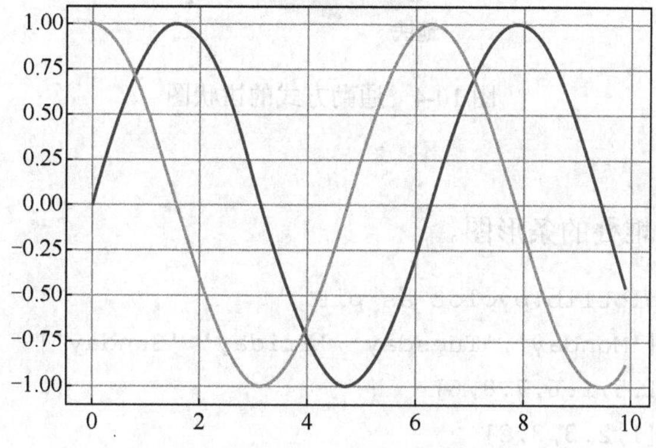

图 10-3 正弦、余弦三角函数

3. 绘制饼状图

例 10-13 绘制通勤方式的饼状图。

```
import matplotlib.pyplot as plt
plt.rcParams['font.sans-serif']=['SimHei']

labels=['开车','地铁','公交','共享单车','步行','其他']
sizes=[20,17,12,40,2,9]
explode=(0,0,0,0.1,0,0)
plt.pie(sizes,explode=explode,labels=labels,autopct='%1.1f%%',
shadow=False,startangle=150)
plt.title("通勤方式")
plt.show()
```

运行结果如图 10-4 所示。

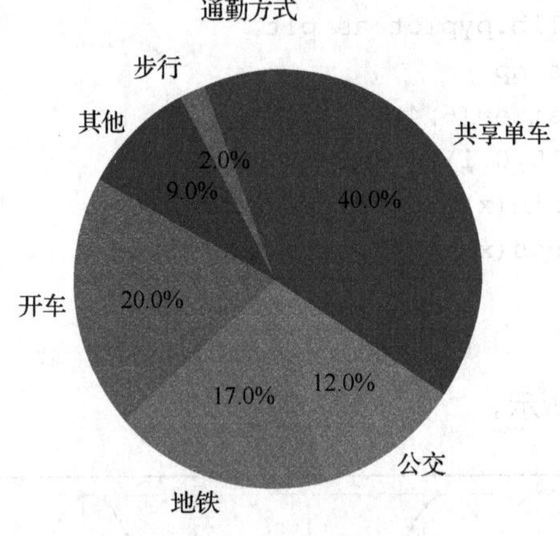

图 10-4　通勤方式的饼状图

4. 绘制条形图

例 10-14 绘制堆叠的条形图。

```
import matplotlib.pyplot as plt
name_list=['Monday','Tuesday','Friday','Sunday']
num_list=[1.5,1.6,7.8,6]
num_list2=[1,2.3,3,2]
```

```
    plt.bar(range(len(num_list)),num_list, color='r',tick_label=
name_list)
    plt.bar(range(len(num_list2)),num_list2, color='g',tick_label=
name_list,bottom=num_list)
    plt.show()
```

运行结果如图 10-5 所示。

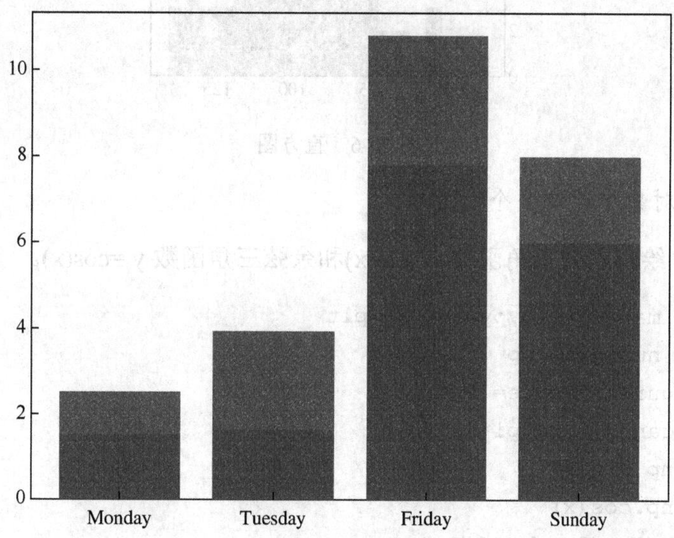

图 10-5　堆叠的条形图

5. 绘制直方图

例 10-15　绘制直方图。

```
import matplotlib.pyplot as plt
import numpy as np
plt.rcParams['font.family']='SimHei'
plt.rcParams['font.size']=20
mu=100
sigma=20
x=np.random.normal(100,20,100)
plt.hist(x,bins=20,color='blue',histtype='stepfilled',alpha=0.75)
plt.title('直方图')
plt.show()
```

运行结果如图 10-6 所示。

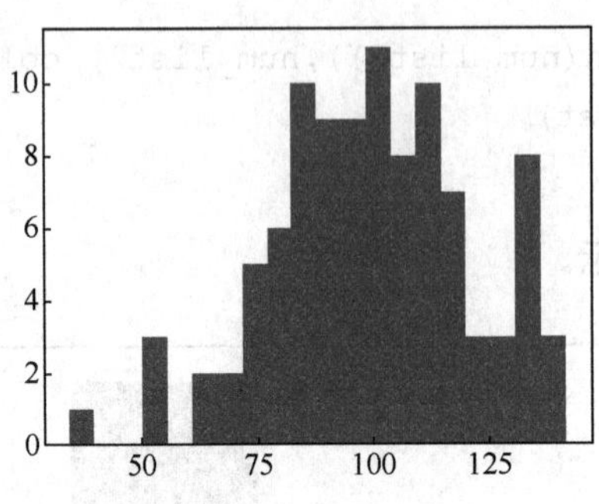

图 10-6　直方图

6. 在绘图对象中绘制多个子图

例 10-16　绘制正弦三角函数 y =sin(x)和余弦三角函数 y =cos(x)。

```
import matplotlib.pyplot as plt
import numpy as np
plt.figure(figsize=(6,4))
x=np.arange(0,np.pi*4,0.01)
y_sin=np.sin(x)
y_cos=np.cos(x)
plt.subplot(2, 1, 1)
plt.plot(x,y_sin,"r-",linewidth=2.0)
plt.xlabel("x")
plt.ylabel("sin(x)")
plt.ylim(-1,1)
plt.title("y=sin(x)")
plt.grid(True)
plt.subplot(2, 1, 2)
plt.plot(x,y_cos,"g-",linewidth=2.0)
plt.xlabel("x")
plt.ylabel("cos(x)")
plt.ylim(-1,1)
plt.title("y=cos(x)")
plt.grid(True)
plt.show()
```

运行结果如图 10-7 所示。

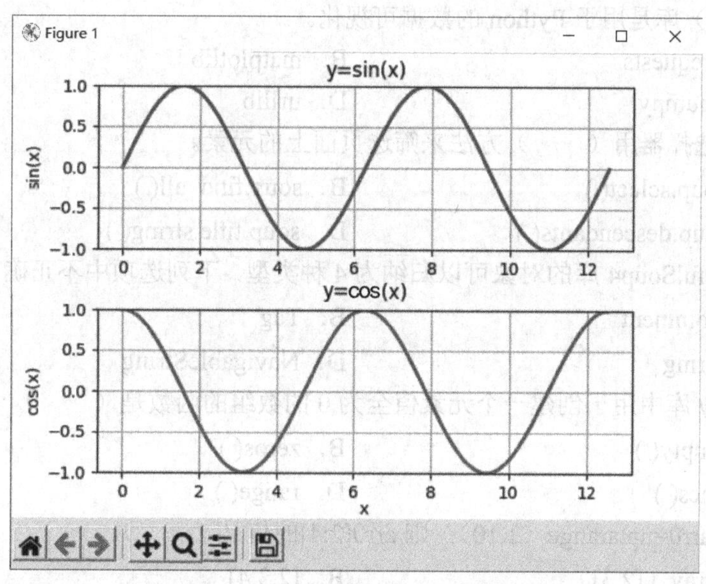

图 10-7　在绘图对象中绘制多个子图

小　结

本章介绍了 Python 常用的第三方库。其中，详细介绍了爬取网页的 requests 库和解析网页的 BeautifulSoup4 库，学习了 numpy 数组的创建、运算等操作，了解了如何使用 matplotlib 库中的各个函数实现快速绘图及设置图表的各种细节。

习　题

一、选择题

1．代码 import numpy as np 中，np 的含义是（　　）。

A．函数名　　B．类名

C．库的别名　　D．变量名

2．在 matplotlib 库中 show( )函数的作用是（　　）。

A．显示绘制的数据图　　B．刷新绘制的数据图

C．缓存绘制的数据图　　D．存储绘制的数据图

3．（　　）库是用于 Python 的数据可视化。

A．requests　　B．matplotlib

C．numpy　　D．urllib

4．CSS 选择器用（　　）方法来筛选页面上的元素。

A．soup.select( )　　B．soup.find_all( )

C．soup.descendants( )　　D．soup.title.string( )

5．BeautifulSoup4 库的对象可以归纳为 4 种类型，下列选项中不正确的是（　　）。

A．Comment　　B．Tag

C．String　　D．NavigableString

6．numpy 库中用于创建一个元素值全为 0 的数组的函数是（　　）。

A．empty( )　　B．zeros( )

C．ones( )　　D．range( )

7．数组 arr0=np.arange（1,10）；则 arr0[2:4]的值是（　　）。

A．array（[2,3]）　　B．[2,3,4]

C．array（[3,4]）　　D．[3,4]

8．（　　）多用于表示各项数据占总数据的百分比。

A．直方图　　B．条形图

C．点状图　　D．饼状图

9．（　　）不是 URL 的组成部分。

A．prot　　B．host

C．path　　D．domin

10．可改变 numpy 数组的形状的是（　　）。

A．dot()函数　　B．reval( )函数

C．linspace( )函数　　D．range( )函数

二、填空题

1．下载安装 Python 第三方库使用________命令。

2．用于解析网页的 Python 第三方库是________。

3．urllib 库中用来打开和读取 URL 的 urllib.request 是________模块。

4．用 arr0=np.arange(1,10)语句创建数组 arr0，则 arr0 等于________。

5．matplotlib 库中用于在绘图对象中绘制多个子图的函数是________。

参 考 文 献

董付国，2018．Python 程序设计基础[M]．北京：清华大学出版社．

黑马程序员，2017．Python 快速编程入门[M]．北京：人民邮电出版社．

黄悦军，2018．Python 程序设计[M]．北京：高等教育出版社．

江红，余青松，2017．Python 程序设计与算法基础教程[M]．北京：清华大学出版社．

李东方，2017．Python 程序设计基础[M]．北京：电子工业出版社．

刘浪，2016．Python 基础教程[M]．北京：人民邮电出版社．

刘卫国，2016．Python 语言程序设计[M]．北京：电子工业出版社．

嵩天，礼欣，黄天羽，2017．Python 程序设计基础[M]．北京：高等教育出版社．

王小银，王曙燕，孙家泽，2017．Python 程序设计[M]．北京：清华大学出版社．